高等职业教育交通运输与土建类专业"十四五"规划教材

工程识图与 CAD 绘图

王　军　罗桂发◎主　编
余　俊　郝卓佳　陈　晨◎副主编

中国铁道出版社有限公司

2024年·北京

内 容 简 介

本书为高等职业教育交通运输与土建类专业"十四五"规划教材之一,系依据最新的土木工程专业制图标准和高职高专业人才培养方案,在总结多年教学改革实践经验的基础上编写而成。

本书设置了两大模块,共十三个项目。第一大模块为计算机绘图部分,含八个项目,主要讲解计算机辅助绘图软件 AutoCAD 的主要功能和使用方法;第二大模块为工程识图部分,含五个项目,主要讲解利用正投影的基本理论识读工程图样,解决工程建筑物(铁路、桥梁、涵洞、隧道、房屋等)形体表达的问题,以及运用 CAD 绘制工程图样的方法。本书选用了大量的工程实例,使理论分析与教学更加贴近工程应用和生产实际。

本书可作为高职高专学校铁道工程技术、城市轨道交通工程技术、铁道桥梁隧道工程技术、高速铁路综合维修技术、道路与桥梁工程技术、建筑工程技术等专业工程制图课程的教材,也可供相关专业的工程技术人员以及自学者参考。

图书在版编目(CIP)数据

工程识图与 CAD 绘图/王军,罗桂发主编. —北京:中国铁道
出版社有限公司, 2021. 3(2024. 9 重印)
高等职业教育交通运输与土建类专业"十四五"规划教材
ISBN 978-7-113-27566-2

Ⅰ.①工… Ⅱ.①王… ②罗… Ⅲ.①工程制图-识别 ②工程
制图-AutoCAD 软件 Ⅳ.①TB23

中国版本图书馆 CIP 数据核字(2020)第 262647 号

书　　名:工程识图与 CAD 绘图
作　　者:王　军　罗桂发

责任编辑:李露露　　　　编辑部电话:(010)51873240　　　电子邮箱:790970739@ qq. com
封面设计:尚明龙
责任校对:王　杰
责任印制:樊启鹏

出版发行:中国铁道出版社有限公司(100054,北京市西城区右安门西街 8 号)
网　　址:http://www.tdpress.com
印　　刷:三河市航远印刷有限公司
版　　次:2021 年 3 月第 1 版　2024 年 9 月第 3 次印刷
开　　本:787 mm×1 092 mm　1/16　印张:14　插页:3　字数:380 千
书　　号:ISBN 978-7-113-27566-2
定　　价:45. 00 元

前言

　　本书是以培养土木工程专业一线人才为指导,按最新的行业规范要求、高职高专专业人才培养方案及制图教学的基本要求,并由编者在总结多年工程制图教学和教改的实践经验,广泛吸取同类教材精华的基础上编写而成。本书以培养应用型人才为目标,以培养专业技术能力为主线,使学生通过学习能够对基础理论、基本知识和基本技能进行掌握和应用。

　　本书依据土木工程行业背景、专业人才培养方案、课程对后续课程的服务、学生学习的实际特点对知识内容进行了整合,形成了"CAD绘图"和"工程识图"两大模块,下设13个项目,每个项目下再设若干个实训任务,采取"项目导向、任务驱动"式课程结构,将教学内容任务化、项目化,注重对学生实践能力和专业技能的培养。

　　本书各个项目都提出了学习目标,设置了工作任务,同时给予逐级引导,将知识化解在思考与训练中,便于学生掌握;本书对专业工程图的讲解系统、多样,其中增加了一些生动的工程案例,与工程实践联系紧密;本书对CAD使用方法的讲解与专业识图、绘图交叉融合,有利于学生深入学习。

　　本书重点强调培养学生的空间思维、空间想象能力及职业素养,使其掌握阅读与绘制土木工程图样的方法,为后续专业课的学习、课程设计、毕业设计和毕业后从事土木工程技术工作打下基础。

　　本书由成都工业职业技术学院王军、柳州铁道职业技术学院罗桂发任主编。参与编写人员有:成都工业职业技术学院余俊、马玲、陈爱平、肖桂蓉、李洪俊、钟起辉,柳州铁道职业技术学院陈晨、梁庆庆、张敬铭、王亚东、廖桂柳、郝卓佳,南宁轨道交通集团公司唐玉平,中铁建二十五集团四公司赵龙成,广西建工集团第五建筑有限公司张祖国。具体编写分工如下:王军、罗桂发、余俊、唐玉平编写项目1,王军、余俊、陈晨、赵龙成编写项目2和项目3,王军、余俊、王亚东编写项目4和项目5,王军、余俊、张敬铭、张祖国编写项目6和项目7,王军、余俊、梁庆庆编写项目8,马玲、廖桂柳编写项目9,陈爱平、郝卓佳编写项目10,肖桂蓉、李洪俊、廖桂柳编写项目11,肖桂蓉、李洪俊、郝卓佳编写项目12,王军、罗桂发、钟起辉、梁庆庆编写项目13。

　　本书在编写过程中得到了西南交通大学苏谦教授和四川农业大学张淼高工(一级注册建筑师)的指导,在此一并表示衷心感谢!

　　由于本书篇幅较大,涉及内容较多,加之编者学识和经验所限,书中可能存在疏漏或不妥之处,恳请读者批评指正。

编　　者
2020年9月

目录

项目一　AutoCAD 2014 基础知识

 学习目标

通过对本项目的学习,应熟悉 AutoCAD 2014 的工作界面和各组成部分的功能以及对图形文件进行管理的基本方法,并掌握 AutoCAD 命令与点坐标的输入方法。

CAD 是 Computer Aided Design 的缩写,指计算机辅助设计。AutoCAD 是美国 Autodesk 公司于 20 世纪 80 年代初为微机上应用 CAD 技术而开发的绘图程序软件包,经过不断的完善,现已经成为国际上广为流行的绘图工具。AutoCAD 具有完善的图形绘制功能、强大的图形编辑功能,可采用多种方式进行二次开发或用户定制,可进行多种图形格式的转换,具有较强的数据交换能力,同时支持多种硬件设备和操作平台。同其他绘图软件相比,AutoCAD 绘图速度更快、精度更高,而且便于个性化处理,它已经在土木建筑、航空航天、造船、机械、电子、设备、材料、化工、轻纺等很多领域得到了广泛应用,并取得了丰硕的成果和巨大的经济效益。

知识点一　AutoCAD 2014 的工作空间与工作界面

一、AutoCAD 2014 的工作空间

AutoCAD 2014 提供了"二维草图与注释""三维建模""三维基础""AutoCAD 经典"四种工作空间模式。启动之后,系统默认打开的是"二维草图与注释"工作空间,其工作界面如图 1-1 所示。其中,绘图窗口是用户界面中的最大组成部分,通过创建和修改对象来表现图形设

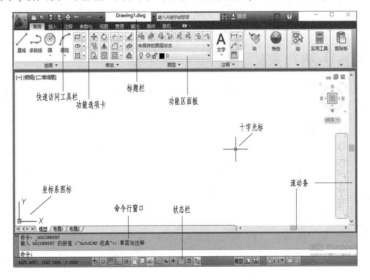

图 1-1　"AutoCAD 2014 草图与注释"工作界面

计。绘图窗口的上方是功能区,功能区将命令和工具整编为选项卡和面板,如"常用"选项卡上包含"绘图""修改""图层""注释""块"等功能区面板,应用这些功能可方便地绘制二维图形。

要在各工作空间模式中进行切换,可通过"工作空间"工具栏(见图 1-2)进行选择。

工作空间的选择根据个人喜好习惯及绘图对象决定,本书将以"AutoCAD 经典"工作空间进行介绍,其工作界面如图 1-3 所示。

图 1-2 "工作空间"工具栏

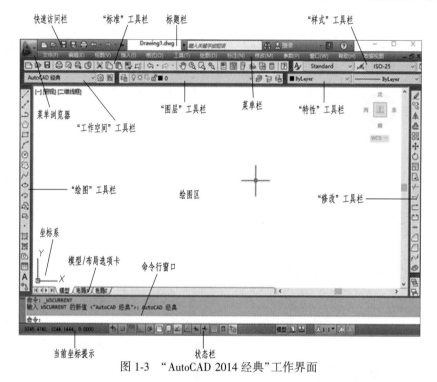

图 1-3 "AutoCAD 2014 经典"工作界面

二、AutoCAD 2014 的工作界面

"AutoCAD 2014 经典"工作界面主要由标题栏、菜单栏、工具栏、绘图区、命令行窗口与文本窗口、状态栏等部分组成。

1. 标题栏、菜单浏览器和快速访问栏

标题栏位于整个工作界面的最顶部,主要用来显示程序名称、文件名称和路径。单击菜单浏览器,出现一个下拉菜单,可以代替部分"文件"下拉菜单的作用。快速访问栏是部分"标准"工具栏的控件按钮。

2. 菜单栏与快捷菜单

菜单栏包括"文件""编辑""视图""插入""格式""工具""绘图""标注""修改""参数""窗口""帮助"共 12 个菜单。单击其中任意一个菜单,都会出现一系列命令,如图 1-4 所示。

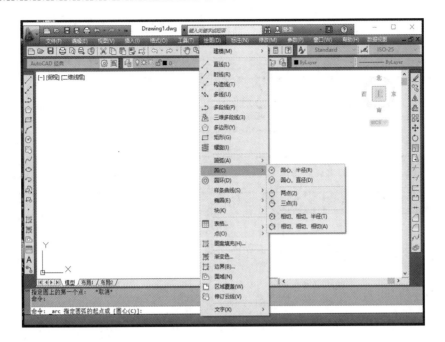

图 1-4 AutoCAD 2014"绘图"菜单中的命令

使用菜单栏应注意以下几个方面：

(1)命令后有">"符号,表示还有下一级菜单；

(2)命令后有"…"符号,表示选择该命令可打开一个对话框；

(3)命令后有组合键,表示直接按组合键即可执行该命令,如<Ctrl+C>为"复制"命令；

(4)命令后有快捷键,表示单击菜单后按快捷键即可执行该命令,如点击"绘图"菜单,按<L>键即可执行"直线"命令；

(5)命令呈现灰色,表示该命令在当前状态下不可使用。

右击绘图区域、工具栏、状态栏、模型与布局选项卡以及一些对话框将弹出快捷菜单,该菜单中的命令与 AutoCAD 的当前状态相关。使用快捷菜单可以在不必启动菜单栏的情况下快速、高效地完成某些操作。

3. 工具栏

工具栏是应用程序调用命令的另一种方式,它包含许多由图标表示的命令按钮。在 Auto-CAD 2014 中,系统共提供了三十多个已命名的工具栏。默认情况下,"标准""样式""图层""特性""绘图""修改"等工具栏处于打开状态,如图 1-5 所示。

在 AutoCAD 2014 的窗口中,工具栏可以以浮动方式放置,即用户可以将光标移动到工具栏前边位置,并按住鼠标左键在窗口中进行任意拖动放置。如果要显示当前隐藏的工具栏,可右击任意工具栏,此时将弹出一个快捷菜单,选择或去除对应命令即可显示或隐藏对应的工具栏,如图 1-6 所示。

工具栏删除可使用"ACAD"命令找回。

4. 绘图区

绘图区域在工作界面的中间,是用来显示、绘制和编辑图形的工作区域。用户的所有工作效果都反映在这个区域,相当于手工绘图的图纸。绘图区域的右侧和下侧有垂直方向和水平

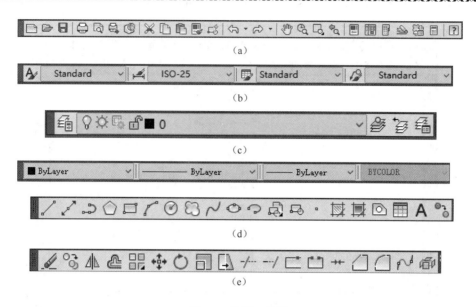

图 1-5　常用工具栏

(a)"标准"工具栏；(b)"样式"工具栏；(c)"图层"工具栏；(d)"特性"工具栏；(e)"修改"工具栏

方向的滚动条,拖动滚动条可以垂直或水平移动视图。绘图区域左下角有坐标系图标,显示当前所使用的坐标系形式。在绘图区移动鼠标可看到有对应移动的十字光标,用于绘图和编辑图形时指定点或选择对象。

绘图区下方有"模型"和"布局"选项卡,可通过单击它们可实现在模型空间和图纸空间之间进行的切换。

5. 命令行窗口与文本窗口

命令行窗口主要用来输入绘图命令、显示命令提示及其他相关信息。在使用 AutoCAD 2014 进行绘图时,不管用什么方式,每执行一个命令,用户都可以在命令行窗口获得命令执行的相关提示及信息,它是实现人机对话的重要区域,能够指导用户正确执行命令。

想看到更多的命令,可以查看文本窗口。文本窗口是放大的命令行窗口,它记录了已执行的命令,也可以用来输入新命令。可以通过"视图"/"显示"/"文本窗口"、执行 TEXTSCR 命令或按<F2>键来打开文本窗口。

6. 状态栏

状态栏位于工作界面的最底部。当光标在绘图区域移动时,状态栏左边的区域可以实时显示当前光标的 X、Y、Z 三维坐标值。状态栏中间分别是"推断约束""捕捉模式""栅格显示""正交模式""极轴追踪""对象捕捉""三维对象捕捉""对象捕捉追踪""动态 UCS""动态输入""线宽""透明度""快捷特性""选择循环"共 14 个开关按钮。用鼠标单击它们可以打开或关闭相应的辅助绘图功能,也可使用相应的快捷键打开。状态栏的右边添加了缩放注释等工具。

图 1-6　工具栏菜单

知识点二　AutoCAD 2014 的基本操作

一、命令的输入与终止

用 AutoCAD 2014 绘图必须输入正确的命令并正确地回答命令的提示。AutoCAD 2014 有上百条命令，种类繁多，其中的参数和子命令各不相同。正确地理解命令和使用命令是学习 AutoCAD 2014 的基础。

1. 输入设备

输入设备包括键盘、鼠标及数字化仪等，一般使用键盘和鼠标即可完成命令的输入。鼠标用于控制光标的位置，一般情况下，光标的形状是一个箭头；当光标处于绘图窗口时，会变成十字线形式。

2. 输入命令

AutoCAD 2014 输入命令的方式有以下 4 种。

(1)命令行输入：通过键盘输入命令，如在命令行输入"LINE"或"L"，按<Enter>键并确认后即可执行绘制直线命令。此外，键盘是输入文本对象、数值参数（包括坐标）或进行参数选择的唯一方法。

(2)菜单栏输入：通过单击菜单栏中的命令直接执行。此时，命令行显示的命令与从键盘输入的命令一样。

(3)工具栏输入：通过单击工具栏按钮执行 AutoCAD 命令，此时命令行显示该命令。

(4)快捷菜单输入：右击工作界面的不同区域，会弹出相应的快捷菜单，从快捷菜单中可选择需要执行的命令。

3. 确认命令/结束命令

确认命令和结束命令都通过<Enter>键来实现。一般情况下，<Space>键可以起到<Enter>键的作用。对于一些命令或命令选项，直接右击也相当于按下了<Enter>键。若在命令执行过程中直接右击，弹出快捷菜单，再单击"确认"选项，也相当于按下了<Enter>键。

4. 终止命令

在命令执行过程中，用户可以随时按<Esc>键终止执行。

二、重复命令、撤销命令与重做命令

在 AutoCAD 2014 中，用户可以方便地重复执行同一条命令，或撤销前面执行的一条或多条命令。此外，撤销前面执行的命令后，还可通过重做来恢复前面执行的命令。

1. 重复命令

在 AutoCAD 2014 中，用户可以使用多种方法来重复执行命令。例如，要重复执上一个命令，可以按<Enter>或<Space>键，或右击绘图区域，从弹出的快捷菜单中选择"重复"命令。

2. 撤销命令

如果要撤销最近一个或多个操作，最简单的方法就是单击"⤺"按钮或按<Ctrl+Z>键。用户也可以一次撤销前面进行的多步操作，输入 UNDO 命令和要放弃的操作数目执行即可。

3. 重做命令

如果要重做之前放弃的最后一个操作，可以单击"⤷"按钮或输入 REDO 命令并执行或按<Ctrl+Y>键或重新选择"编辑"/"重做"命令。

三、对象的选取方式

当执行"编辑"命令后,命令行提示:"选择对象"。此时,十字光标将变成一个拾取框,移动拾取框即可选择一个或多个对象。AutoCAD 2014 提供了多种选择对象的方式,具体如下。

1. 点取方式

点取方式是一种默认方式。当光标变为拾取框后,用鼠标移动拾取框,使其覆盖在被选对象上,然后单击对象,使其变为虚线,表示已被选中。这种方法适合选择少量或分散的对象。

2. 窗口方式

窗口方式是通过对角线的两个端点来定义一个矩形窗口,凡完全落在该矩形窗口内的图形对象均被选中,如图 1-7 所示。指定两端点时必须自左向右指定。

3. 窗交方式

窗交方式也是通过对角线的两个端点来定义一个矩形窗口,凡完全落在该矩形窗口内及与窗口相交的图形对象均被选中,如图 1-8 所示。指定两端点时必须自右向左指定。

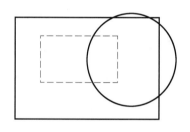

图 1-7　窗口方式选择

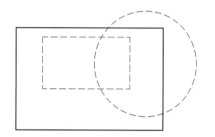

图 1-8　窗交方式

4. 全选方式

当命令行提示选择对象时,在选择状态下通过键盘输入"ALL",或在空命令下按下<Ctrl+A>键,即可全部选择。

知识点三　AutoCAD 2014 的坐标系

一、世界坐标系和用户坐标系

在绘图过程中,要精确定位某个对象,必须以某个坐标系作为参照,以便精确拾取点的位置。AutoCAD 2014 是采用三维笛卡儿直角坐标系来确定点的位置的,在其状态栏中显示的三维坐标值,就是笛卡儿坐标系中的数值,它准确地反映了当前光标所处的位置。AutoCAD 2014 的坐标系包括世界坐标系(WCS)和用户坐标系(UCS),据此可以按照非常高的精度设计并绘制图形。

1. 世界坐标系

世界坐标系由三个互相垂直并相交的坐标轴 X、Y、Z 组成,X 轴的正向为水平向右,Y 轴的正向为垂直向上,Z 轴的正向为垂直屏幕向外,坐标轴的交汇处有一"口"形标记,如图 1-9 所示。如果坐标系图标位于图形窗口的左下角,此时坐标原点并不一定在坐标轴的交汇点。

2. 用户坐标系

世界坐标系是默认坐标系统,其坐标原点和坐标轴方向是不变的,这会导致用户有时在绘图时感到不便。为此,AutoCAD 2014 为用户提供了可以在世界坐标系中任意定义的坐标系,称为用户坐标系。用户坐标系的原点可以在任意位置,且坐标轴可任意旋转和倾斜。用户坐标系的坐标轴交汇处没有"口"形标记,如图 1-10 所示。

图 1-9　世界坐标系　　　　　图 1-10　用户坐标系

二、点坐标的表示方法及其输入

在 AutoCAD 2014 中,表示点坐标的方法有绝对直角坐标、绝对极坐标、相对直角坐标和相对极坐标 4 种。

1. 绝对坐标

绝对坐标是指相对于当前坐标系原点的坐标。用户以绝对坐标的形式输入点时,可以采用直角坐标或极坐标。

(1)绝对直角坐标

绝对直角坐标,是相对坐标系原点(0,0)或(0,0,0),表示点的 X、Y、Z 坐标值。当使用键盘键入点的坐标时,X、Y、Z 坐标值之间用英文逗号","隔开,不加括号,坐标值可以为负。二维绘图时不需要输入 Z 的坐标值,即为 0。

如图 1-11(a)所示,当绘制直线 AB 时,执行直线命令,首先输入 A 点的坐标"10,20"后,命令栏提示指定下一点,此时再输入 B 点坐标"30,20",最后按两次<Enter>键即可完成 AB 直线的绘制。

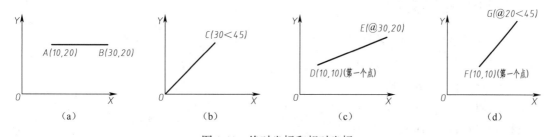

图 1-11　绝对坐标和相对坐标

(a)绝对直角坐标;(b)绝对极坐标;(c)相对直角坐标;(d)相对极坐标

(2)绝对极坐标

绝对极坐标,也是相对坐标系原点(0,0)或(0,0,0)而言,但它给定的是距离和角度,其中距离和角度用"<"分开,且规定"角度"方向以逆时针为正,即 X 轴正向为 0°,Y 轴正向为 90°,如图 1-11(b)所示。

2. 相对坐标

相对坐标包括相对直角坐标和相对极坐标,是指相对于某一点的 X 轴和 Y 轴位移,或距离和角度。

（1）相对直角坐标

相对直角坐标是指某点相对于已知点沿 X 轴和 Y 轴的位移（$\Delta X,\Delta Y$）。输入时，必须在其前面加"@"符号。如图 1-11（c）所示，"@30,20"表示点 E 对于点 D 沿 X 轴方向移动 30，沿 Y 轴方向移动 20，也等同于点 E 的绝对坐标为（40,30）。

（2）相对极坐标

相对极坐标是指通过定义某点与已知点之间的距离，以及两点之间连线与 X 轴正向的夹角来定位该点位置，其输入格式为"@距离<角度"。如图 1-11（d）所示，"@20<45"表示点 G 相对于点 F 的距离为 20，两点连线与 X 轴正向的角度为 45°。

知识点四　AutoCAD 2014 的图形文件管理

一、新建图形文件

执行"新建图形文件"命令可以新建一图形文件。

（1）执行途径

①工具栏：单击 ▭ 按钮。

②菜单栏：单击"文件"/"新建"命令。

③命令行：输入"NEW"并执行。

④快捷键：按下<Ctrl+N>键。

（2）操作说明

执行"新建图形文件命令"后，弹出如图 1-12 所示的"选择样板"对话框。用户可以选择其中一个样本文件，单击"打开"按钮即可。这些样板文件通常不符合我国的制图标准，建议用户不要使用。用户可使用"acadiso.dwt"等空白文件。

二、打开图形文件

打开一个已存在的图形文件。

（1）执行途径

①工具栏：单击 ▭ 按钮。

②菜单栏：单击"文件"/"打开"命令。

③命令行：输入"OPEN"并执行。

④快捷键：按下<Ctrl+O>键。

（2）操作说明

单击在"标准"工具栏中单击"打开"按钮，此时将弹出"选择文件"对话框，如图 1-13 所示。

在"选择文件"对话框的文件列表框中，选择需要打开的图形文件，在右侧的"预览"框中将显示该图形的预览图像。

用户可以按"打开""以只读方式打开""局部打开"和"以只读方式局部打开"4 种方式打开图形文件，每种方式都对图形文件进行了不同的限制。如果按"打开"和"局部打开"方式打

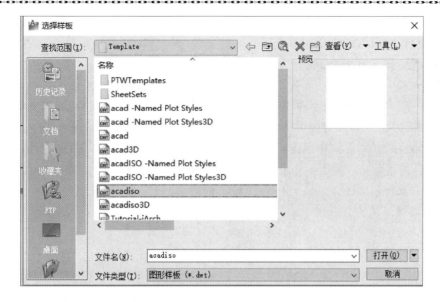

图 1-12 "选择样板"对话框

图 1-13 "选择文件"对话框

开图形时,可以对图形文件进行编辑;如果按"以只读方式打开"和"以只读方式局部打开"方式打开图形时,则无法对图形文件进行编辑。

三、保存图形文件

为了防止因突然断电、死机等情况的发生对已绘图样的影响,用户应养成随时保存所绘图样的良好习惯。可以用以下几种方法快速保存图形文件。

(一)保存文件

1. 执行途径

(1)工具栏:单击 按钮。

（2）菜单栏：单击"文件"/"保存"命令。

（3）命令行：输入"QSAVE"并执行。

（4）快捷键：按下<Ctrl+S>键。

2. 操作说明

执行"保存"命令后，系统会对当前已命名的图形文件直接存盘保存；如该文件尚未命名，则会弹出"图形另存为"对话框，可从中选择路径并输入文件名，确认后进行保存，如图 1-14 所示。在"图形另存为"对话框中点击"文件类型"的下拉列表框，可选择保存成不同版本的不同类型的文件。

（二）另存文件

1. 执行途径

（1）菜单栏：单击"文件"/"另存为"命令。

（2）命令行：输入"SAVEAS"并执行。

（3）快捷键：按下<Ctrl+Shift+S>键。

2. 操作说明

执行"另存为"命令后，系统弹出"图形另存为"对话框（见图 1-14），利用该对话框可完成文件的另存。若当前为未命名的图形文件，则系统在用户命名后进行存盘；若当前为已命名的图形文件，则系统会将其另外存为一个用户新命名的图形文件，并把新的图形文件作为当前图形文件。

图 1-14 "图形另存为"对话框

（三）自动保存文件

为防止意外发生，用户可以设置自动保存功能，可通过菜单栏中的"工具"/"选项"，选择

"文件"选项卡,单击自动保存位置,可查询或单击保存位置。选择"打开和保存"选项卡,可设置自动保存间隔时间。

四、关闭文件

关闭文件分为以下两种情况。

1. 关闭当前打开的文件而不退出 AutoCAD 2014

可以使用下列方法。

(1)菜单栏:单击"文件"/"关闭"命令。

(2)命令行:输入"CLOSE"并执行。

(3)快捷键:按下<Ctrl+F4>键。

(4)标题栏:下拉菜单最右侧的 ✕ 按钮。

2. 关闭文件并退出 AutoCAD 2014

可以使用下列方法。

(1)命令行:输入"QUIT"或"EXIT"并执行。

(2)快捷键:按下<Ctrl+Q>键。

(3)标题栏:屏幕最右上角的 ✕ 按钮。

五、建立模板文件

对于经常绘图的用户,若是每次都要打开空白的新建文件绘图,将会非常麻烦。因此,可以做一个符合国家标准要求的模板放在模板文件夹中,每次新建文件时可调出使用,非常方便。

1. 执行途径

(1)菜单栏:单击"文件"/"另存为"命令。

(2)命令行:输入"SAVEAS"并执行。

(3)快捷键:按下<Ctrl+Shift+S>键。

2. 操作说明

建立模板文件的方法是新建一个 CAD 文件,把图层、文字样式、标注样式等都设置好后另存为"AutoCAD 图形样板(* . dwt)"格式,以后在新建文件提示选择时选择该绘图模板文件即可直接使用。或者,把那个文件命名为"acad. dwt",替换默认模板,以后直接启动就可以了。

任务训练一 熟悉 AutoCAD 2014 的工作界面

通过上机操作,熟悉 AutoCAD 2014 工作界面的组成部分及作用,掌握打开、关闭和移动工具栏的方法。

任务训练二 熟悉 AutoCAD 2014 的图形文件管理方法

1. 创建一个新文件:"acad. dwt"样板文件;

2. 在样本文件中绘制任务训练三的图形;

3. 绘制完毕后,将其保存在 D 盘的"AutoCAD 2014"文件夹中,文件名为"练习+个人姓名"。文件夹中再保存一个版本为 AutoCAD 2004 的备份,文件名为"练习备份+个人姓名"。保存完后,退出 AutoCAD 2014。

任务训练三　利用坐标输入法绘制简单平面图形

1. 用坐标输入法绘制如图 1-15 所示的五角星。

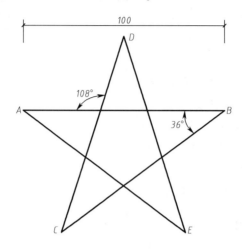

图 1-15　五角星

2. 用坐标输入法绘制如图 1-16 和图 1-17 所示的图形。

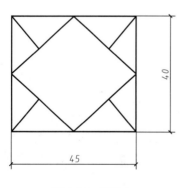

图 1-16　图形 1

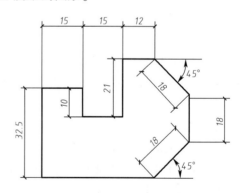

图 1-17　图形 2

项目二　基本绘图环境设置与图形显示控制

 学习目标

通过对本项目的学习,应掌握图层的创建方法,会使用图层绘制图形;能够熟练运用辅助绘图工具及显示控制工具。

知识点一　基本绘图环境设置

一、设置绘图界限

一般来说,如果用户不作任何设置,AutoCAD 系统会对作图范围不加限制,此时可以将绘图区看作是一幅无穷大的图纸。但由于所绘图形的大小是有限的,因此为了更好地绘图,需要设定作图的有效区域。在 AutoCAD 2014 中,使用"LIMITS"命令可以在模型空间中设置一个想象的矩形绘图区域,也称为图限。

设置绘图界限的步骤如下:

(1)选择"格式"/"图形界限"命令,或在命令行中输入"LIMITS",命令行提示如下:指定左下角点或 [开(ON)/关(OFF)] <0.0000,0.0000>:回车默认(0,0)点。

指定右上角点<420.0000,297.0000>:如果输入坐标 297,210 那就是 A4 纸横放。

(2)在执行"LIMITS"命令的过程中,将出现 4 个选项,分别为"开""关""指定左下角点"和"指定右上角点"。

①"开"选项:表示打开绘图界限检查,如果所绘图形超出了图限,显示"＊＊超出限界",则系统不绘制出此图形并给出提示信息,从而保证了绘图的正确性。

②"关"选项:表示关闭绘图界限检查。

③"指定左下角点"选项:表示设置绘图界限左下角坐标。

④"指定右上角点"选项:表示设置绘图界限右上角坐标。

二、设置绘图单位和精度

在 AutoCAD 中,用户可以采用 1∶1 的比例因子绘图,因此所有的直线、圆和其他对象都能以真实大小来绘制。用户可以使用各种标准单位进行绘图,对于我国用户来讲,通常使用毫米、厘米、米和千米等作为单位,毫米是其中最常用的一种绘图单位。不管采用何种单位,在绘图时都只能以图形单位计算绘图尺寸,在需要打印出图时,再将图形按图纸大小进行缩放。

设置绘图单位和精度的步骤如下。

(1)选择"格式"/"单位…"命令,弹出一个"图形单位"对话框,如图 2-1 所示。

(2)在"长度"选项组内选择长度"类型"和"精度"。工程绘图中"类型"一般使用"小

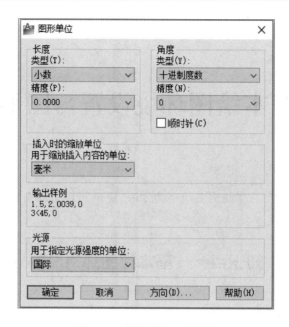

图 2-1 "图形单位"对话框

数","精度"一般使用"0.0000"。

(3)在"角度"选项组内选择角度"类型"和"精度"。工程绘图中"类型"一般使用"十进制小数","精度"一般使用"0"。

(4)在"插入时的缩放单位"选项组中,"用于缩放插入内容的单位"一般选择"毫米"。

三、设置参数选项

选择"工具"/"选项"命令,或执行"OP-TIONS"命令,可打开"选项"对话框。该对话框中包含"文件""显示""打开和保存""打印和发布""系统""用户系统设置""绘图""三维建模""选择集"和"配置" 10 个选项卡,如图 2-2 所示。各选项卡的含义如下。

1."文件"选项卡

用于确定 AutoCAD 2014 搜索支持文件、驱动程序文件、菜单文件和其他文件时的路径以及用户定义的一些设置。

2."显示"选项卡

用于设置窗口元素、布局元素、显示精度、显示性能、十字光标大小和参照编辑的褪色等显示属性。如果圆、圆弧或直线显示不光滑,可以在此选项卡调整显示精度(精度越高,图形生成速度越慢)。点击"颜色"按钮可设置屏幕绘图区背景色。

3."打开和保存"选项卡

用于设置是否自动保存文件,自动保存文件时的时间间隔,是否维护日志,以及是否按需加载外部参照文件等。

4."打印和发布"选项卡

用于设置 AutoCAD 2014 的输出设备。默认情况下,输出设备为 Windows 打印机。但在很多情况下,为了输出较大幅面的图形,用户也可能需要使用专门的绘图仪。

5."系统"选项卡

用于设置当前三维图形的显示特性,如定点设备、是否显示 OLE 特性对话框、是否显示所

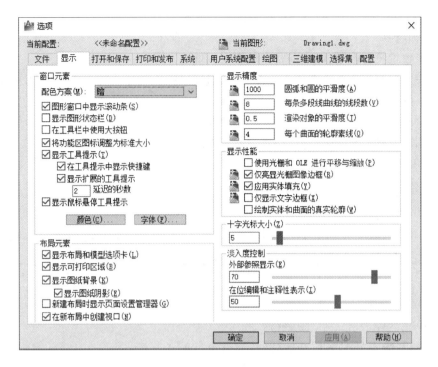

图 2-2　"选项"对话框

有警告信息、是否检查网络连接、是否显示启动对话框、是否允许长符号名等。

6."用户系统配置"选项卡

用于设置是否使用快捷菜单和对象的排序方式。

7."绘图"选项卡

用于设置自动捕捉、自动追踪、自动捕捉标记框的颜色和大小、靶框的大小。

8."三维建模"选项卡

用于设置三维十字光标、三维对象显示等。

9."选择集"选项卡

用于设置选择集模式、拾取框的大小和夹点的大小等。

10."配置"选项卡

用于实现新建系统配置文件、重命名系统配置文件和删除系统配置文件等操作。

四、图层的创建与设置

(一)图层的概念和特性

1. 图层的概念

所谓图层,就是将图形分成一层一层的,通过在不同的层上使用不同颜色、线型、线宽来绘制图形。

一幅图样可能有许多对象(如各种线型、符号、文字等),诸对象的属性可能不同,但它们都绘制在图层上。如果把图层想象为一张没有厚度的透明纸,且各层之间都具有相同的坐标系、绘图界限和缩放比例。那么在画图时,可将图形中的对象进行分类,把具有相同属性的对象(如相同的线型、颜色、尺寸标注、文字等)放在同一图层,这些图层叠放在一起就构成了一幅完整的图样,从而使绘图、编辑等操作变得十分方便。

2. 图层的特性

(1)图层数量没有限制,但当前指定的图层只能有一个。

(2)用户只能在当前工作图层上绘图,可通过图层操作功能改变当前工作图层。

(3)每一图层有一个名称。

(4)一个图层只能设置一种线型、一种颜色及一个状态。

(5)各图层具有相同的坐标系、绘图界限和缩放系数。

(二)图层的创建

1. 执行途径

(1)工具栏:单击如图 2-3 所示图层工具栏最左侧的 图 按钮。

图 2-3 "图层"工具栏

(2)菜单栏:单击"格式"/"图层"命令。

(3)命令行:输入"LAYER"并执行(快捷命令"LA")。

2. 操作说明

执行"图层"命令,会弹出"图层特性管理器"对话框,用户可以在此对话框中进行图层的创建、基本操作和管理,如图 2-4 所示。

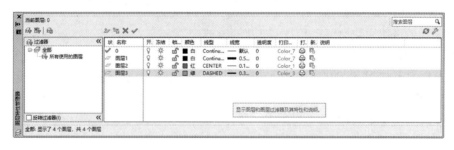

图 2-4 "图层特性管理器"对话框

(三)图层基本操作

在"图层特性管理器"对话框中,用户可以通过单击对话框上的一系列按钮对图层进行基本操作。

1. 新建图层

单击 图 按钮,列表中将显示新创建的图层。第一次新建的图层名为"图层 1",随后名称依次为"图层 2""图层 3"…创建图层时,图层名称处于选中状态,用户可以直接命名。对于已经创建的图层,如果需要修改图层的名称,可以点右键选重命名或直接按<F2>键进行重命名。

2. 删除图层

单击 ✗ 按钮,可以删除用户选定的图层,但图层 0 是系统默认的图层,不能被删除,也不能被重命名。

3. 置为当前图层

单击 ✔ 按钮,可将选定图层设置为当前图层。当前图层不能删除。

(四)图层管理

在"图层特性管理器"对话框中,用户可以对图层的特性和状态进行管理。特性管理包括颜色、线型、线宽、透明度、转换图层等。状态管理包括打开(关闭)、冻结(解冻)、锁定(解锁)图层等。

1. 颜色

所谓图层的颜色,是指该图层上面的实体颜色,每个图层都可设一定的颜色。

(1)在建立图层的时候,图层的颜色承接上一个图层的颜色,对于图层 0 系统默认的是 7 号颜色,该颜色相对于黑色的背景显示白色,相对于白色的背景显示黑色。

(2)在绘图过程中,需要对各个层的对象进行区分。若改变某一层的颜色,则默认状态下该层的所有对象的颜色将随之改变。单击图 2-4 所示对话框中"颜色"列表下的颜色特性图标,弹出如图 2-5 所示的"选择颜色"对话框,用户可以在此对图层颜色进行设置。

图 2-5 "选择颜色"对话框

2. 线型

图层的线型是指在图层中绘图时所用的线的型式,每一层都应有一个相应的线型。

(1)加载线型

AutoCAD 2014 提供了标准的线型库,该库文件名为"acadiso. lin",可以从中选择线型,也可以定义自己专用的线型。

在 AutoCAD 2014 中,系统默认的线型是 Continuous,线宽默认值是 0 单位,该线型是连续的。在绘图过程中,如果用户希望绘制点画线、虚线等其他种类的线,就需要设置图层的线型和线宽。

单击图 2-4 所示对话框中"线型"列表下的线型特性图标 Continuous,弹出如图 2-6 所示的"选择线型"对话框。默认状态下,"选择线型"对话框中只有 Continuous 一种线型。单击"加载"按钮,弹出如图 2-7 所示的"加载或重载线型"对话框,用户可以在"可用线型"列表框中选择所需要的线型。

图 2-6 "选择线型"对话框　　　　　　　　图 2-7 "加载或重载线型"对话框

选择好线型后,单击"确定"按钮返回"选择线型"对话框,即可看到刚刚加载的线型,将其选定后单击"确定"按钮,图层线型设置完成。

(2)调整线型比例

在 AutoCAD 2014 定义的各种线型中,除了 Continuous 线型外,每种线型都是由线段、空格、点或文本所构成的序列。当用户设置的绘图界限与默认的绘图界限差别较大时,在工作界面上显示的线型或绘图仪输出的线型会不符合工程制图的要求,如虚线或点画线显示为实线,此时需要调整线型比例。

执行调整线型比例的命令"LTSCALE",或单击"特性"工具栏线型窗口最下方的"其他",弹出图 2-8 所示的"线型管理器"对话框。单击对话框中"显示细节"按钮,则在对话框下方出现"详细信息"栏,在"详细信息"栏内有两个调整线型比例的编辑框:"全局比例因子"和"当前对象缩放比例"。"全局比例因子"调整已有对象和将要绘制对象的线型比例,"当前对象缩放比例"调整将要绘制对象的线型比例。

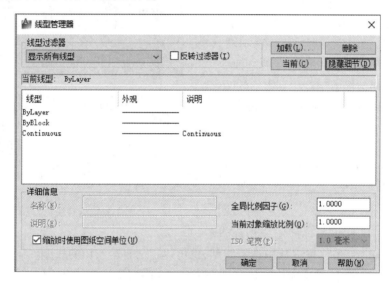

图 2-8 "线型管理器"对话框

线型比例值越大,线型中的要素也越大,不同全局比例因子的效果如图 2-9 所示。

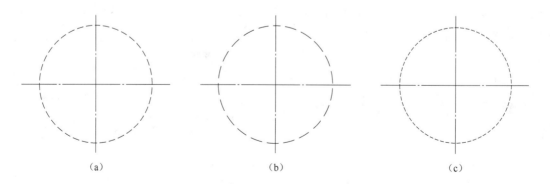

图 2-9 不同线型比例因子的效果

(a)比例因子为 1;(b)比例因子为 2;(c)比例因子为 0.5

3. 线宽

工程图对粗细线要求严格,所以需要设置线宽。单击图 2-4 所示对话框中"线宽"列表下的线宽特性图标,弹出如图 2-10 所示的"线宽"对话框,在"线宽"列表框中选择需要的线宽,单击"确定"按钮,设置线宽操作完成。

4. 透明度

单击图 2-4 所示对话框中"透明度"列表下的透明度值,弹出如图 2-11 所示的"图层透明度"对话框。透明度值的设置范围为 0~90,"0"表示不透明,"90"则表示完全透明。如果该图层的透明度值设为"90",则在该图层上绘制的图形都将完全透明,即不可见。

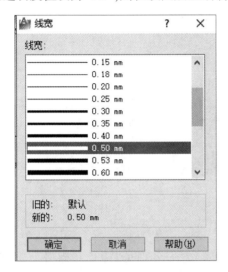

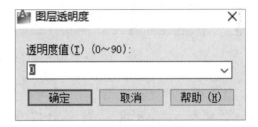

图 2-10　"线宽"对话框　　　　　图 2-11　"图层透明度"对话框

5. 转换图层

图层创建完成后,在图 2-3 所示的图层工具栏中就会显示出所创建的图层;样式工具栏中会显示图层颜色、图层线型、图层线宽。

在一个层上的图像可以转换到另一个图层,转换方法是"特性匹配"命令或"夹持点"操作。

(1)"特性匹配"命令

①分别在 A 图层和 B 图层画一条线。

②单击"标准"工具栏中的 按钮,就是俗称的格式刷。

③单击 B 图层的线。

④再单击 A 图层的线。

(2)用"夹持点"功能

①选中要转换的 A 图层的图形。

②然后点击图 2-3 所示的图层工具栏下拉列表框。

③选择所需的 B 图层。

6. 控制图层状态

控制图层状态包括控制图层开关、图层冻结和图层锁定等。

(1)图层开关

在"开关"列表下, 图标表示图层处于打开状态, 图标表示图层处于关闭状态。

关闭图层可以加快一些操作的运行速度,增强对象选择的性能并减少复杂图形的重生成时间。当图层被关闭以后,该图层上的图形将不能显示在屏幕上,不能被编辑,不能被打印输出。

（2）图层冻结

在"冻结"列表下, ☼ 图标表示图层处于解冻状态, ❄ 图标表示图层处于冻结状态。冻结图层后,该图层不能置为当前层,图层上的对象将不显示,不能被修改或打印。

（3）图层锁定

在"锁定"列表下, 🔓 图标表示图层处于解锁状态, 🔒 图标表示图层处于锁定状态。锁定图层后,图层依然可见,但图层上的对象不能被编辑和修改。

五、设置辅助功能

为了提高绘图的精确性和绘图效率,AutoCAD 2014 为用户提供了一系列准确定位的辅助绘图工具(状态工具栏),如图 2-12 所示。使用系统提供的对象捕捉、对象追踪、极轴捕捉等功能,可实现快速准确地定位;使用正交、栅格等功能,有助于对齐图形中的对象。

图 2-12　状态工具栏

(一)"草图设置"对话框

如图 2-13 所示,"草图设置"对话框内有七个标签,它们分别是"捕捉和栅格"、"极轴追踪"、"对象捕捉"、"三维对象捕捉"、"动态输入"、"快捷特性"和"选择循环"。

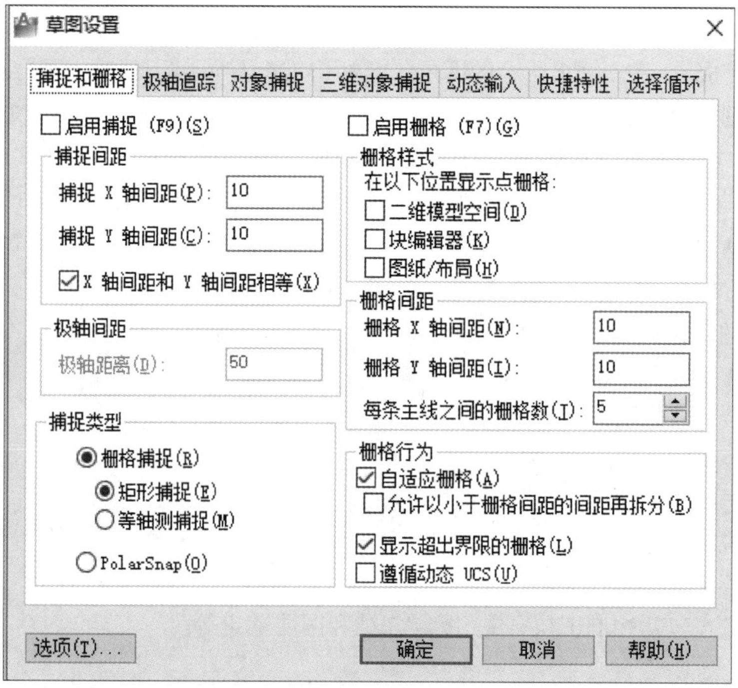

图 2-13　"草图设置"对话框

运行"草图设置"对话框的方法有两种：

(1)选择"工具"/"绘图设置"命令；

(2)状态栏提供的辅助绘图按钮包括推断约束、捕捉模式、栅格显示、正交模式、极轴追踪、对象捕捉、对象捕捉追踪、显示线宽等，右击任意按钮，在弹出的快捷菜单中选择"设置"命令。

(二)推断约束

一般绘制的图形对象间没有约束关系，如绘制两条平行线，改变其中一条的角度，另一条的角度是不会改变的。推断约束命令可以使两个或多个对象间产生约束关系。

1. 推断约束设置

右击状态工具栏的 按钮，在弹出的快捷菜单中选择"设置"命令，弹出"约束设置"对话框，从中可以选择需要的约束类型，如图2-14所示。

图2-14　约束设置

2. 应用示例

用推断约束绘制图2-15(a)所示的图形，并将其改变成图2-15(c)所示的图形。

(三)栅格显示

栅格是按照设置的间距显示在图形区域中的线，它能提供直观的距离和位置的参照，类似于坐标纸中方格的作用。如果取消选择图2-13所示对话框中"显示超出界限的栅格"，则栅格只在用"LIMITS"命令设定的图纸界限内显示。

1. 打开/关闭栅格

打开/关闭栅格的方法有以下4种：

(1)在"草图设置"对话框的"捕捉和栅格"标签内选择"启用栅格"选项；

(2)单击状态栏"栅格"按钮 ；

(3)按<F7>键；

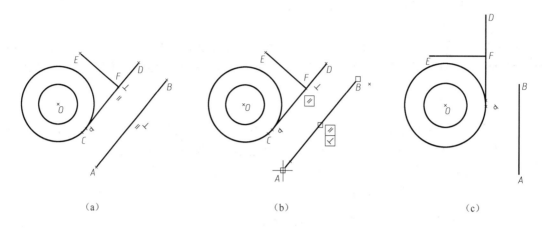

（a）　　　　　　　　　　（b）　　　　　　　　　　（c）

图 2-15　用推断约束绘图

（4）命令行:输入"GRID"并执行。

2. 设置栅格间距

在"捕捉和栅格"标签内,用户可以设置 X、Y 轴的栅格间距。栅格间距缺省均为"10",如果绘图范围较大,可能会出现因栅格线阵太密而无法显示栅格的情况。此时,可以通过"草图设置"对话框来调整栅格间距。栅格显示的区域默认状态下是横放的 3 号图大小。

（四）捕捉模式

捕捉是将光标控制在栅格线或栅格点上移动,因此它和栅格一般需要同时启用。捕捉使光标只能停留在图形中指定的栅格点或线上,这样就可以很方便地将图形放置在特殊点上,便于以后的编辑工作。一般来说,栅格与捕捉的间距和角度都设置为相同的数值,打开捕捉功能后,光标只能定位在图形中的栅格点上跳跃式移动。

1. 打开/关闭捕捉

打开/关闭捕捉的方法有以下 4 种:

（1）在"草图设置"对话框的"捕捉和栅格"标签内选择"启用捕捉"选项;

（2）单击状态栏中的"捕捉模式"按钮▥。

（3）按<F9>键。

（4）命令行:输入"SNAP"并执行。

2. 设置捕捉间距

在"捕捉和栅格"标签内,用户可以设置 X、Y 轴的捕捉间距。捕捉间距缺省均为"10",当设置为"0"时,捕捉无效。

捕捉间距与栅格间距是性质不同的两个概念,二者的值可以相同,也可以不同。如果捕捉间距设置为"5",而栅格间距设置为"10",则光标移动两步,才能从栅格中的一个点移到下个点。

（五）正交模式

打开正交模式后,系统提供了类似丁字尺的绘图辅助工具"正交",是快速绘制水平线和铅垂线的最好工具。

打开/关闭正交模式有以下 3 种方法:

（1）单击状态栏"正交"按钮▙;

（2）按<F8>键；

（3）在绘图过程中可以按住<Shift>键临时启用或关闭正交模式。

此外，如果知道水平线或铅垂线的长度，在正交模式下将光标放在合适的位置和方向，直接输入直线长度也是非常快捷的绘图方法。

（六）对象捕捉

在绘图的过程中，经常要指定一些点，而这些点是已有对象上的点，如端点、圆心、两个对象的交点等，如果只是凭用户的观察来拾取它们，无论怎样小心，都不可能非常准确地找到这些点。AutoCAD 2014 提供了对象捕捉，可以帮助用户快速、准确地捕捉到某些特殊点，从而能够精确快速地绘制图形。

对象捕捉分二维对象捕捉和三维对象捕捉两种，二维对象捕捉主要用在平面绘图中，三维对象捕捉用在三维绘图中。本节主要介绍二维对象捕捉。

执行对象捕捉有两种方式，一是利用"草图设置"对话框设置隐含对象捕捉（也称自动对象捕捉模式）；二是利用"对象捕捉"工具栏，执行单点优先方式的对象捕捉（也称临时对象捕捉模式）。

1. 自动对象捕捉模式

执行"工具"/"绘图设置"命令，或在右击状态栏选择快捷菜单中的"设置"命令，弹出一个"草图设置"对话框，选择"对象捕捉"标签，如图 2-16 所示。在对话框中选择一个或多个捕捉模式，单击"确定"按钮，即可执行相应的对象捕捉，这种捕捉模式即为自动对象捕捉模式。

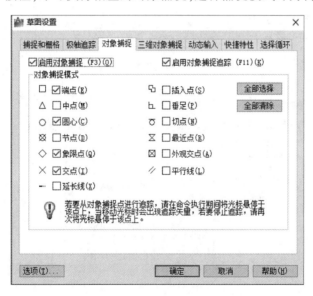

图 2-16 "草图设置"对话框

2. 临时对象捕捉模式

临时对象捕捉可以采用以下两种方式：

（1）在 AutoCAD 2014 提示指定一个点时，按住<Shift>键不放，并右击屏幕绘图区，则弹出一个如图 2-17 所示的快捷菜单，在菜单中选择了捕捉点后，菜单消失，再回到绘图区去捕捉相应的点。将光标移到要捕捉的点附近，会出现相应的捕捉点标记，光标下方还有对这个捕捉点类型的文字说明，这时直接单击就会精确捕捉到这个点。

（2）右击工具栏任意位置，弹出快捷菜单，从快捷菜单中选择"对象捕捉"，调出"对象捕捉"工具栏，如图 2-18 所示。在绘图和编辑过程中，系统提示输入一个点时，用户可直接点取"对象捕捉"工具栏内的相应捕捉按钮，再移动光标捕捉目标。这种执行对象捕捉的方式只影响当前要捕捉的点，操作一次后自动退出对象捕捉状态。

（七）极轴追踪

极轴追踪实际上是极坐标的一个应用，此功能可以使光标沿着指定角度的方向移动，从而很快找到需要的点。极轴追踪功能可以在系统要求指定一个点时，按预先设置的角度增量显示一条无限延伸的辅助线，这时用户就可以沿辅助线追踪得到目标点。

用户可利用"草图设置"对话框中的"极轴追踪"选项卡对极轴追踪的参数进行设置，如图 2-19 所示。

"极轴追踪"选项卡中各选项的功能和含义如下：

（1）"启用极轴追踪"复选框：用于打开或关闭极轴追踪，也可以按<F10>键来打开或关闭极轴追踪。

图 2-17　快捷菜单

（2）"极轴角设置"选项区域：用于设置极轴角度。在"增量角"下拉列表框中可以选择系统预设的角度，如果该下拉列表框中的角度不能满足需要，可选择"附加角"复选框，然后单击"新建"按钮，在"附加角"列表中增加新角度。

图 2-18　"对象捕捉"工具栏

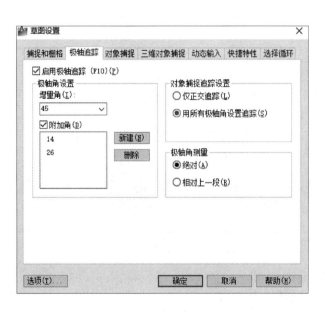

图 2-19　"极轴追踪"选项卡

（八）对象捕捉追踪

对象捕捉追踪是在对象捕捉功能的基础上发展起来的，此功能可以使光标从对象捕捉点开始,沿着对齐路径进行追踪,并找到需要的精确位置。对齐路径是指和对象捕捉点水平对齐、垂直对齐,或者按设置的极轴追踪角度对齐等的路径。

对象捕捉追踪应与对象捕捉功能配合使用。使用对象捕捉追踪功能之前,必须先设置好对象捕捉点。

【应用示例】 绘制图 2-20(a)所示的标高符号。

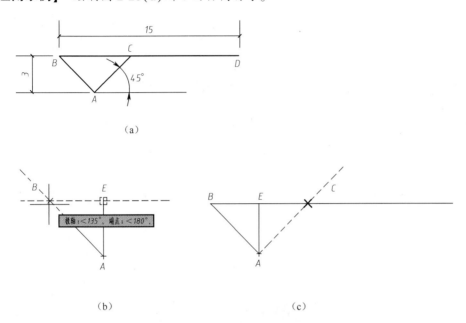

图 2-20 标高符号的绘制

操作步骤:

(1) 打开对象捕捉,打开极轴追踪,并将追踪角增量设置为 45°,打开对象捕捉追踪。首先绘制一条高度辅助线 EA,然后再绘图。

(2) 命令:line 指定第一点:启动直线命令,并在绘图区任意指定一点作为 E 点。

(3) 指定下一点或 [放弃(U)]:打开正交,将光标移动到 E 点下方,输入长度 3 确定 A 点。

(4) 指定下一点或 [放弃(U)]:关掉正交,将光标移动到 A 点左上方,接近 45°时,出现一条极轴追踪的虚线(参照线);然后再将光标移动到 E 点处,出现捕捉框时左移,出现对象捕捉追踪虚线;当光标移动到合适位置时,两条虚线出现交点,此时单击鼠标,确定图 2-20(b)中的 B 点。

(5) 指定下一点或 [放弃(U)]:打开正交,将光标移动到 B 点右方,输入 BD 长度 15。

(6) 指定下一点或 [放弃(U)]:回车结束画线。

(7) 命令:line 指定第一点:再次回车重复直线命令,捕捉 A 点作为起点。

(8) 指定下一点或 [放弃(U)]:将光标移动到 A 点右上方,接近 45°时,出现一条极轴追踪的虚线,然后再将光标移动到 C 点附近时,出现交点捕捉的叉号,此时单击鼠标,确定图 2-20(c)中的 C 点。回车结束命令。

(九)动态输入

动态输入是一种十分友好的人机交互方式。动态输入设置可使用户直接在鼠标点处快速启动命令、读取提示和输入值。

可以通过单击状态栏上的 ⊞ 按钮,来打开或关闭动态输入。此外,在"草图设置"对话框中,可以自定义动态输入。动态输入包括指针输入、标注输入和动态提示 3 项功能。

1. 指针输入

在绘图区域中移动光标时,光标附近的工具栏提示为当前坐标,如图 2-21 所示。可以在工具栏提示中输入坐标值,并用<Tab>键在几个工具栏提示中切换。在指定点时,第一个坐标是绝对坐标,第二个或下一个点的格式是相对坐标。如果需要输入绝对值,应在其值前加"#"。

图 2-21　动态指针输入形式

2. 标注输入

当命令提示输入第二点时,工具栏提示中的距离和角度将随着光标的移动而改变,如图 2-22 所示。可以在工具栏提示中输入距离和角度值,并用<Tab>键在它们之间切换。

3. 动态提示

在光标附近会显示命令提示,可以使用键盘上的"↓"键显示命令其他选项,如图 2-23 所示,然后在工具栏提示中作出响应。

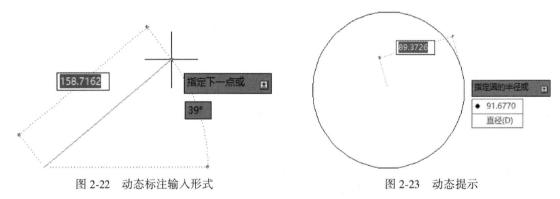

图 2-22　动态标注输入形式　　　　　　　图 2-23　动态提示

(十)线宽显示

为了提高系统运行速度和成图效率,AutoCAD 2014 将所有的线都以细线显示,如果要显示线宽,单击状态工具栏中的 ╋ 按钮即可。

(十一)快捷特性 ▣

快捷特性可以显示选定元素的特性信息。如图 2-24 所示,若选定直线,则出现直线、颜色、图层、线型、长度等特性窗口。

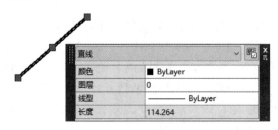

图 2-24　快捷特性

（十二）选择循环🔲

选择循环允许用户选择重叠的对象。

知识点二　图形显示控制

在使用 AutoCAD 2014 绘图时，经常需要对当前图形进行缩放、移动、刷新和再生等。这些操作，其实只改变了图形在工作界面中的显示效果（即视觉效果），并不改变图形的实际大小和位置。

最常用的图形显示控制按钮位于"标准"工具栏，如图 2-25 所示。

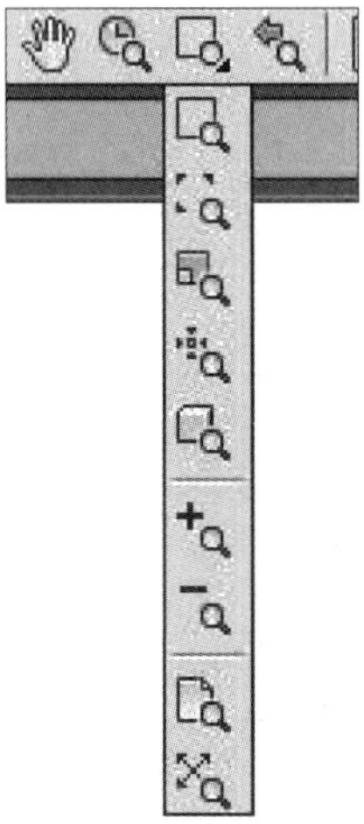

一、实时缩放

单击"标准"工具栏中的🔍按钮，工作界面中的光标变成放大镜的形状。此时，按住鼠标左键向上移动则将图形放大；向下移动则将图形缩小。按<Esc>键或<Enter>键即可退出。

最常用的实时缩放方法是直接用鼠标滚轮，以光标所在点为基准点上滚放大，下滚缩小。需要注意的是，实时缩放只是显示的缩放，图形尺寸没有改变。

二、实时平移

单击"标准"工具栏中的✋按钮，屏幕上的光标变成小手的形状。按住鼠标左键上下左右移动则图形将相应地进行上下左右移动。按<Esc>键或<Enter>键即可退出。

图 2-25　"标准"工具栏中"缩放"子工具栏

最常用的实时平移方法是直接按住鼠标滚轮然后移动鼠标。需要注意的是，实时平移是视觉的平移，图形在图纸上的位置没有改变。

三、窗口缩放

单击"标准"工具栏中的🔍按钮，可将由两角点定义的"窗口"内的图形尽可能大地显示在工作界面。

四、全部缩放

选择"视图"/"缩放"菜单中的🔍命令，可将绘制的所有图形最大化地显示在工作界面。

最常用的全部缩放方法是，在命令行中输入"ZOOM"命令（快捷命令"Z"），按<Enter>键后，再输入"A"，并按<Enter>键即可。如果所绘制的某个图形在工作界面中找不到了，就可用此方法。

任务训练一　进行图层的创建与设置

新建一个图形文件，创建五种图层，分别是粗实线层、中粗线层、细实线层、点画线层、虚线层。使用"直线"命令绘制如图 2-26 所示的五种线型，并练习图层之间的转换。图层设置如表 2-1所示。

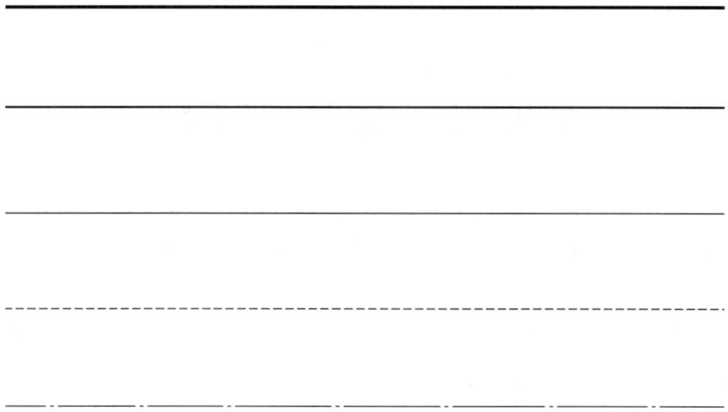

图 2-26　使用"直线"命令绘制五种线型

表 2-1　图层设置

名　称	颜色(颜色号)	线型	线宽
粗实线	白色(7)	Continuous	0.6
中粗线	蓝色(5)	Continuous	0.3
细实线	绿色(3)	Continuous	0.15
点画线	红色(1)	Center	0.15
虚线	黄色(2)	Dashed	0.15

任务训练二　熟练使用绘图辅助工具

1. 用"正交模式"绘制如图 2-27 所示的图形 1。

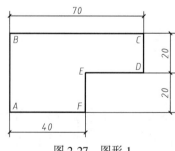

图 2-27　图形 1

2. 利用"极轴追踪"和"对象捕捉追踪"绘制如图 2-28 所示的标高符号。

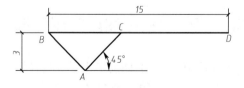

图 2-28　标高符号

3. 综合运用绘图辅助工具绘制如图 2-29 所示的图形 2。

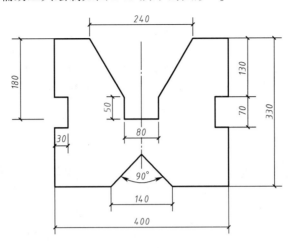

图 2-29 图形 2

任务训练三 练习使用图形显示控制按钮

在任务训练二的绘图中,练习使用"实时缩放""实时平移""窗口缩放"和"全部缩放"等功能。

项目三 常用绘图命令

学习目标

通过对本项目的学习,应掌握 AutoCAD 2014 中各种二维基本图形的绘制方法,以及相关参数的具体设置。

二维图形是指在二维平面空间绘制的图形,主要由基本图形元素(如点、直线、圆、圆弧和多边形等)组成。了解基本图形元素的画法,是绘制整个图形的基础。AutoCAD 2014 提供了丰富的绘图方法,本项目主要介绍一些常用的二维绘图命令。"绘图"工具栏和"绘图"菜单分别如图 3-1 和图 3-2 所示。

图 3-1 "绘图"工具栏

图 3-2 "绘图"菜单

知识点一　绘制二维图形的方法

为了满足不同用户的需要,体现操作的灵活性、方便性,用户可以使用"绘图"菜单、"绘图"工具栏以及绘图命令3种途径来绘制二维图形。

1. "绘图"菜单

"绘图"菜单(见图3-2)中包含了AutoCAD 2014几乎所有的绘图命令,用户通过选择该菜单中的命令或子命令,可绘制出相应的二维图形。

2. "绘图"工具栏

"绘图"工具栏(见图3-1)中的每个工具按钮都对应于"绘图"菜单中相应的绘图命令,单击即可执行。

3. 绘图命令

在命令提示行后输入绘图命令,按<Enter>键或<Space>键,根据提示行的提示信息进行绘图操作。这种方法快捷、准确性高,但需要熟练掌握绘图命令及其各选项的具体功能。

知识点二　点、直线、射线、构造线、多段线和多线

一、绘制点

点一般作为辅助参考点。点对象有单点、多点、定数等分和定距等分4种,用户根据需要可以绘制各种类型的点。

1. 执行途径

(1)"绘图"工具栏:单击"点"按钮 ·(多点)。

(2)下拉菜单:单击"绘图"/"点"命令。

(3)命令:POINT(单点)(快捷命令:PO)。

2. 操作说明

执行"POINT"命令后,用户可根据需要,选择点的类型。

(1)选择"单点"命令,可以在绘图窗口中一次绘制一个点。

(2)选择"多点"命令,可以在绘图窗口中一次绘制多个点,最后可按<ESC>键结束。

(3)选择"定数等分"命令,可以在指定的对象上绘制等分点或者在等分点处插入块,如图3-3(a)所示。

(4)选择"定距等分"命令,可以在指定的对象上按指定的长度绘制点或者插入块。如图3-3(b)所示。

(a)　　　　　　　　　　　　　　　　　　(b)

图3-3　点的定数等分和定距等分

(a)将100的直线5等分(定数等分);(b)将100的直线分割间距为15(定距等分)

3. 调整点的样式和大小

(1)执行"格式"/"点样式"命令,弹出"点样式"对话框,如图3-4所示。

（2）选择所需要的点的样式。

（3）在"点大小"栏内调整点的大小。

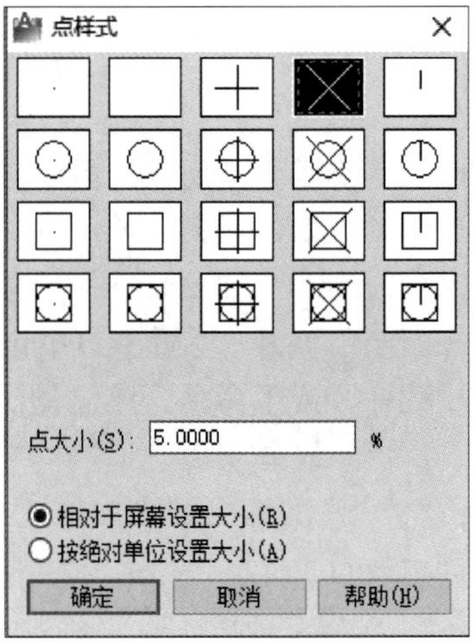

二、绘制直线

直线是各种绘图中最常用、最简单的一类图形对象。由几何学可知，两点决定一条直线，因此用户只需给定起点和终点，即可画出一条线段。一条线段即是一个图元。在AutoCAD 2014 中，图元是最小的图形元素，它不能再被分解。一个图形是由若干个图元组成的。

1. 执行途径

（1）"绘图"工具栏：单击"直线"按钮 。

（2）菜单栏：单击"绘图"/"直线"命令。

（3）命令行：输入"LINE"并执行（快捷命令"L"）。

2. 操作说明

（1）执行"LINE"命令后，命令行显示指定第一点，单击目标位置或从键盘输入起点的坐标。

（2）命令行显示"指定下一点或[放弃(U)]"：移动鼠标并单击，或坐标输入，即可指定第二点，同时画出了一条线段。

（3）指定下一点，即可连续画直线。

（4）按<Enter>键结束操作。

图 3-4　点样式

三、绘制射线

射线为一端固定，另一端无限延伸的直线。在 AutoCAD 2014 中，射线主要用于绘制辅助线。

1. 执行途径

（1）菜单栏：单击"绘图"/"射线"按钮 。

（2）命令行：输入"RAY"并执行。

2. 操作说明

（1）执行"RAY"命令。

（2）单击目标位置或从键盘输入起点的坐标，以指定起点。

（3）移动鼠标并单击，或输入通过点的坐标，即可指定通过点，同时画出了一条射线。

（4）连续移动鼠标并单击，即可画出多条射线。

（5）按<Enter>键结束画射线的操作。

四、绘制构造线

构造线是指在两个方向上无限延伸的直线，主要用作绘图时的辅助线。当绘制多视图时，为了保持投影联系，可先画出若干条构造线，再以构造线为基准画图。

1. 执行途径

（1）"绘图"工具栏：单击"构造线"按钮 。

（2）菜单栏：单击"绘图"/"构造线"命令。

（3）命令行：输入"XLINE"并执行（快捷命令"XL"）。

2. 操作说明

执行"XLINE"命令后，命令行显示"指定点或［水平（H）/垂直（V）/角度（A）/二等分（B）/偏移（O）］"：缺省选项是"指定点"。若执行括号内的选项，需输入对应括号内的字符。

各选项的含义如下。

（1）水平（H）：绘制通过指定点的水平构造线。

（2）垂直（V）：绘制通过指定点的垂直构造线。

（3）角度（A）：绘制与 X 轴正方向成指定角度的构造线。

（4）二等分（B）：绘制角的平分线。执行该选项后，用户输入角的顶点、角的起点和终点后，即可画出角平分线。

（5）偏移（O）：绘制与指定直线平行的构造线。该选项的功能与"修改"菜单中的"偏移"命令相同。执行该选项后，给出偏移距离或指定通过点，即可画出与指定直线相平行的构造线。

五、绘制多段线

多段线是作为单个对象创建的相互连接的序列线段，可以创建直线段、弧线段或两者的组合线段。多段线中的线条可以设置成不同的线宽以及不同的线型，具有很强的实用性。

1. 执行途径

（1）"绘图"工具栏：单击"多段线"按钮 。

（2）菜单栏：单击"绘图"/"多段线"命令。

（3）命令行：输入"PLINE"并执行（快捷命令"PL"）。

2. 操作说明

执行"PLINE"命令后，系统显示"指定起点"：输入坐标或单击目标位置确定起点后，系统显示"指定下一点或［圆弧（A）/闭合（C）/半宽（H）/长度（L）/放弃（U）/宽度（W）］"：指定下一点。

各选项的含义如下。

（1）圆弧（A）：该选项使"PLINE"命令由绘制直线变为绘制圆弧，并给出圆弧的提示。

（2）闭合（C）：执行该选项，系统从当前点到多段线的起点以当前宽度画一条直线，构成封闭的多段线，并结束"PLINE"命令的执行。

（3）半宽（H）：该选项用来确定多段线的半宽度。

（4）长度（L）：用于确定多段线的长度。

（5）放弃（U）：可以删除多段线中刚画出的直线段（或圆弧段）。

（6）宽度（W）：该选项用于确定多段线的宽度，操作方法与半宽选项类似。

六、绘制多线和编辑多线

多线由 1~16 条平行线组成，这些平行线称为元素。"多线"命令可以一次绘制多条平行线，主要用来绘制房屋的墙线及门窗线。用户可以自己创建、保存并编辑多线样式。

（一）创建多线样式

在绘制多线前应该对多线样式进行定义，然后用定义的样式绘制多线。通过指定每个元素距多线原点的偏移量可以确定元素的位置。用户还可以设置每个元素的颜色、线型，以及显示或隐藏多线的封口。所谓封口,就是指那些出现在多线元素每个顶点处的线条。

1. 执行途径

(1)菜单栏:单击"格式"/"多线样式"命令。

(2)命令行:输入"MLSTYIE"并执行。

2. 操作说明

(1)执行"MLSTYIE"命令后,弹出一个"多线样式"对话框,如图 3-5 所示。

(2)单击"新建"按钮,弹出"创建新的多线样式"对话框,在"新样式名"文本框内输入名称,如图 3-6 所示。

(3)单击"继续"按钮,弹出"新建多线样式:墙线"对话框,如图 3-7 所示。

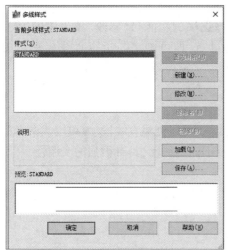

图 3-5　"多线样式"对话框

图 3-6　"创建新的多线样式"对话框

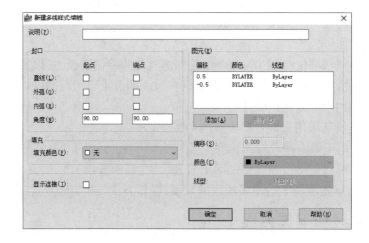

图 3-7　"新建多线样式:墙线"对话框

(4)在"封口"选项卡中,确定多线的封口形式、填充和显示连接,一般选直线封口。图 3-8 为不同封口效果对比,图 3-9 为显示连接效果对比。

(5)在"图元"选项卡中,单击"添加"按钮,可在元素栏内增加一个元素。

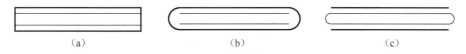

图 3-8　不同封口效果对比

(a)两端直线封口;(b)两端外弧封口;(c)两端内弧封口

(6)在"偏移"栏内可以设置新增图元的偏移量。选定某图元,也可以修改其偏移量。一般最外两直线图元间距离为 1,如图 3-7 所示。

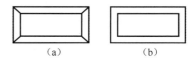

图 3-9　显示连接效果对比

(a)显示;(b)不显示

(7)分别利用"颜色""线型"按钮设置新增元素的颜色和线型。

(8)单击"确定"按钮,返回到"多线样式"对话框。

(9)单击"置为当前"按钮,最后点击"确定"按钮,完成创建定义多线样式。

(二)绘制多线

使用"多线"命令绘制图线。用户可以用预先定义的多线样式,也可以用默认的多线样式。

1. 执行途径

(1)菜单栏:单击"绘图"/"多线"命令。

(2)命令行:输入"MLINE"并执行(快捷命令"ML")。

2. 操作说明

执行"MLINE"命令后,系统提示"指定起点或［对正(J)比例(S)/ 样式(ST)］"。

各选项的含义如下。

(1)对正(J):该选项用于确定绘制多线的对正方式。输入"J"并按<Enter>键,有三种对正方式,一般选择"无(Z)",即中线对正。

(2)比例(S):该选项用来确定所绘多线相对于定义的多线的比例系数。如果绘制 240 墙线,则比例改为"240",如果绘制 120 墙线,则比例改为"120"。

(3)样式(ST):该选项用来确定绘制多线时所使用的多线样式,缺省样式为"STANDARD"。输入"ST"并按<Enter>键,根据系统提示,输入定义过的多线样式名称,或输入"?"显示已有的多线样式,直接选择创建好的多线样式。

(三)编辑多线

使用"多线"命令绘制的图线,必须使用编辑多线命令编辑修改。

1. 执行途径

(1)菜单栏:单击"修改"/"对象"/"多线"命令。

(2)命令行:输入"MLEDIT"并执行。

2. 操作说明

执行"MLEDIT"命令后,弹出一个"多线编辑工具"对话框,如图 3-10 所示,编辑多线主要通过该对话框进行。对话框中的各个图标形象地反映了"MLEDIT"命令的功能。

选择多线的编辑方式后,命令行提示:

(1)"选择第一条多线":指定要剪切的多线的保留部分;

(2)"选择第二条多线":指定剪切部分的边界线。

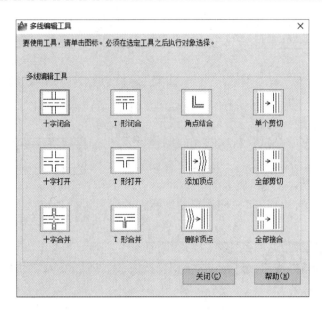

图 3-10 "多线编辑工具"对话框

注意:如果编辑多线时选择第一条多线和第二条多线的顺序不同,那么结果也不同。按<Enter>键可连续使用多线编辑。图 3-11 是多线编辑工具效果。

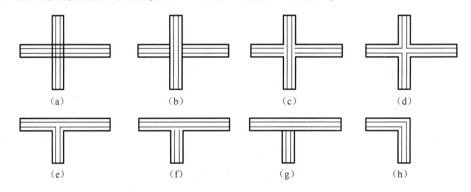

图 3-11 多线编辑工具效果

(a)多线对象;(b)十字闭合;(c)十字打开;(d)十字合并;
(e)T 形合并;(f)T 形打开;(g)T 形闭合;(h)角点结合

知识点三　矩形和正多边形

一、绘制矩形

用户可直接绘制矩形,也可以对矩形进行倒角或倒圆角,还可以改变矩形的线宽。

1. 执行途径

(1)"绘图"工具栏:单击"矩形"按钮▢。

(2)菜单栏:单击"绘图"/"矩形"命令。

（3）命令行：输入"RECLANGLE"并执行（快捷命令"REC"）。

2. 操作说明

执行"PECLANGLE"命令后，系统提示：

（1）"指定第一个角点或［倒角（C）/ 标高（E）/ 圆角（F）/ 厚度（T）/宽度（W）］"：确定第一个角点；

（2）"指定另一个角点或［面积（A）尺寸（D）/ 旋转（R）］"：指定另一个角点。

两个对角点确定一个矩形，指定的两个角点就是矩形的两个对角点，如图3-12（a）所示。

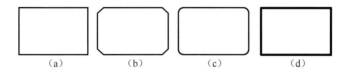

图 3-12　使用"矩形"命令绘制图形

（a）绘制矩形；（b）绘制带倒角的矩形；（c）绘制带圆角的矩形；（d）绘制带宽度的矩形

各选项含义如下。

（1）倒角（C）：选择该选项，可绘制一个带倒角的矩形，此时需要指定矩形的两个倒角距离，如图3-12（b）所示。

（2）标高（E）：选择该选项，可指定矩形所在的平面高度，一般用于在三维绘图时设置矩形的基面位置。

（3）圆角（F）：选择该选项，可绘制一个带圆角的矩形，此时需要指定矩形的圆角半径，如图3-12（c）所示。

（4）厚度（T）：选择该选项，可以设定的厚度绘制矩形，该选项一般用于三维绘图时设置矩形的高度。

（5）宽度（W）：选择该选项，可以设定的线宽绘制矩形，此时需要指定矩形的线宽，如图3-12（d）所示。

（6）面积（A）：通过指定矩形的面积和一个边长来绘制矩形。

（7）尺寸（D）：分别输入矩形的长、宽来绘制矩形。

（8）旋转（R）：可绘制一个指定旋转角度的矩形。

二、绘制正多边形

创建正多边形是绘制正方形、等边三角形和正六边形等图形的简单方法。在 AutoCAD 2014 中可以绘制边数为3~1 024的正多边形。

1. 执行途径

（1）"绘图"工具栏：单击"正多边形"按钮。

（2）菜单栏：单击"绘图"/ "正多边形"命令。

（3）命令行：输入"POLYGON"并执行（快捷命令"POL"）。

2. 操作说明

执行"POLYGON"命令后，系统提示：

（1）"输入侧面数"：即输入正多边形的边数；

（2）"指定正多边形的中心点或［边（E）］"：（输入选项）。

各选项含义如下。

(1)边(E):执行该选项后,输入边的第一个端点和第二个端点,即可由边数和一条边确定正多边形。如图 3-13(a)所示,输入边数"8",指定边"AB",即可绘制正八边形。

(2)正多边形的中心点:执行该选项后,系统提示"输入选项[内接于圆(I)/外切于圆(C)]"。

①内接于圆(I):根据外接圆确定多边形,多边形的顶点均位于假设圆的弧上,需要指定边数和假设圆的半径,如图 3-13(b)所示。

②"外切于圆(C):根据内切圆确定多边形,多边形的各边与假设圆相切,需要指定边数和假设圆的半径,如图 3-13(c)所示。

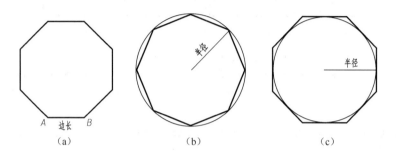

图 3-13　使用"正多边形"命令绘制图形

(a)根据边长确定多边形;(b)根据内接于圆确定多边形;(c)根据外切于圆确定多边形

知识点四　绘制圆、圆弧、椭圆和椭圆弧

在 AutoCAD 2014 中,圆和圆弧的绘制方法相对线性对象来说要复杂一点,并且方法也比较多。

一、绘制圆

AutoCAD 2014 提供了 6 种绘制圆的方法,用户可根据需要选择不同的方法。

1. 执行途径

(1)"绘图"工具栏:单击"圆"按钮 ⊙ 。

(2)菜单栏:单击"绘图"/"圆"命令。

(3)命令行:输入"CIRCLE"并执行(快捷命令"C")。

2. 操作说明

执行"CIRCLE"命令后,命令行显示"指定圆的圆心或[三点(3P)/两点(2P)/相切、相切、半径(T)]",指定圆心、半径或直径即可绘制一个圆。

各选项含义如下所述。

(1)三点(3P):根据三点绘制圆。依次输入不在一条直线上的三个点,可绘制出一个圆。

(2)两点(2P):根据两点绘制圆。依次输入两个点,即可绘制出一个圆,两点间的连线为圆的直径。

(3)相切、相切、半径(T):绘制与两个对象相切,且半径已知的圆。输入"T"并按<Enter>

键后,根据命令行提示,指定相切对象并给出半径后,即可绘制出一个圆,如图3-14所示。需要注意的是,若圆的半径太小可能因无法相切而使绘制无效。

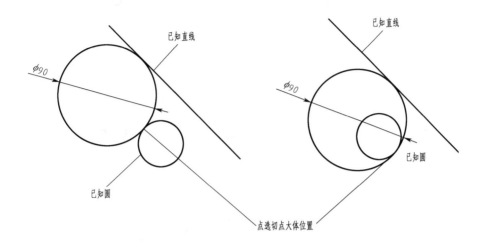

图3-14 使用"相切、相切、半径"命令绘制圆时产生的不同效果

此外,还可以单击"绘图"/"圆"/"相切、相切、相切"命令来绘制圆,如图3-15(a)所示。采用"相切、相切、相切"命令,在三角形的三条边上选取三个切点,即可绘制一个圆,如图3-15(b)所示。

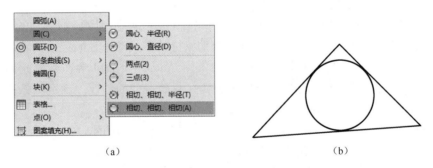

图3-15 使用"相切、相切、相切"命令绘制圆

二、绘制圆弧

AutoCAD 2014提供了11种画圆弧的方法,用户可根据需要选择不同的方式。

1. 执行途径

(1)"绘图"工具栏:单击"圆弧"按钮 。

(2)菜单栏:单击"绘图"/"圆弧"命令。

(3)命令行:输入"ARC"并执行(快捷命令"A")。

2. 操作说明

如图3-16所示,画圆弧的方式有11种,分别介绍如下。

(1)三点:通过给定的3个点绘制一个圆弧,此时应指定圆弧的起点、通过的第2个点和端点。

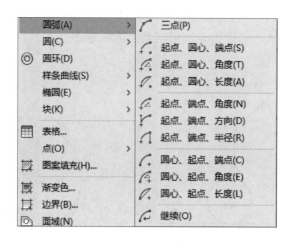

图 3-16　绘制"圆弧"菜单

（2）起点、圆心、端点：通过指定圆弧的起点、圆心和端点绘制圆弧。

（3）起点、圆心、角度：通过指定圆弧的起点、圆心和角度绘制圆弧。使用"起点、圆心、角度"命令绘制圆弧时，在命令行的"指定包含角"提示下，所输入角度值的正负将影响到圆弧的绘制方向。默认环境下，若输入正的角度值，则从起始点绕圆心沿逆时针方向绘制圆弧；如果输入负的角度值，则沿顺时针方向绘制圆弧。

（4）起点、圆心、长度：通过指定圆弧的起点、圆心和弦长绘制圆弧。

（5）起点、端点、角度：通过指定圆弧的起点、端点和角度绘制圆弧。

（6）起点、端点、方向：通过指定圆弧的起点、端点和方向绘制圆弧。使用此命令时，当命令行提示"指定圆弧的起点切向"时，可以通过拖动鼠标的方式动态地确定圆弧在起始点处的切线方向与水平方向的夹角。具体方法是：拖动鼠标，AutoCAD 2014 会在当前光标与圆弧起始点之间形成一条橡皮筋线，此橡皮筋线即为圆弧在起始点处的切线。确定圆弧在起始点处的切线方向后单击拾取，即可得到相应的圆弧。

（7）起点、端点、半径：通过指定圆弧的起点、端点和半径绘制圆弧。

（8）圆心、起点、端点：通过指定圆弧的圆心、起点和端点绘制圆弧。

（9）圆心、起点、角度：通过指定圆弧的圆心、起点和角度绘制圆弧。

（10）圆心、起点、长度：通过指定圆弧的圆心、起点和长度绘制圆弧。

（11）继续：执行"ARC"命令后，在命令行的"指定圆弧的起点或［圆心（C）］"提示下直接按<Enter>键，系统将以最后一次绘制线段或圆弧过程中确定的最后一点作为新圆弧的起点，以最后所绘线段方向或圆弧终止点处的切线方向为新圆弧在起始点处的切线方向，然后再指定一点，就可以绘制出一个圆弧。

三、绘制椭圆

AutoCAD 2014 提供了 3 种方式用于绘制精确的椭圆。

1. 执行途径

（1）"绘图"工具栏：单击"椭圆"按钮 ○。

（2）菜单栏：单击"绘图"／"椭圆"命令。

（3）命令行：输入"ELLIPSE"并执行（快捷命令"EL"）。

2．操作说明

执行"ELLIPSE"命令后，系统提示"指定椭圆的轴端点或［圆弧（A）／中心点（C）］"。各选项含义如下。

（1）圆弧（A）：执行此选项可绘制椭圆弧。

（2）中心点（C）：执行此选项，根据系统提示，通过确定椭圆中心、轴的端点，再输入另一半轴长度来绘制椭圆。

特别提示：选择"绘图"／"椭圆"／"轴、端点"命令，可以通过指定一个轴的两个端点和另一个轴的半轴长度绘制椭圆。由于圆在正等轴测图中的投影为椭圆，因此在绘制正等轴测图中的椭圆时，应先打开等轴测平面，然后再进行绘制。

四、绘制椭圆弧

1．执行途径

（1）"绘图"工具栏：单击"椭圆弧"按钮。

（2）菜单栏：单击"绘图"／"椭圆"／"圆弧"命令。

（3）命令行：输入"ELLIPSE"并执行。

2．操作说明

绘制椭圆弧的操作与绘制椭圆相同，先确定椭圆的形状，再按起始角和终止角参数绘制椭圆弧。

知识点五　样条曲线、图案填充和面域

一、样条曲线

样条曲线用来绘制多段光滑曲线，通常用来绘制波浪线、等高线。

1．执行途径

（1）"绘图"工具栏：单击"样条曲线"按钮。

（2）菜单栏：单击"绘图"／"样条曲线"命令。

（3）命令行：输入"SPLINE"并执行（快捷命令"SPL"）。

2．操作说明

执行"SPLINE"命令后，系统提示：

（1）"指定下一点"：p1（输入一点）；

（2）"指定下一点"：p2（输入一点）；

（3）"指定下一点"：输入其他点，按<Enter>键结束；

（4）"指定起点切向"：确定起始点切线方向；

（5）"指定终点切向"：确定终止点切线方向。

绘制样条曲线的操作效果如图3-17所示。

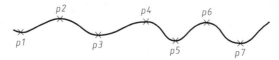

图3-17　绘制样条曲线的操作效果

二、图案填充

绘制工程图样中的剖面图和断面图时,需要对某些图形区域填充图例符号,用来表达建筑材料的类型及形体结构特征等。AutoCAD 2014 为用户提供了图案填充功能。在进行图案填充时,用户需要确定的内容有 3 个:①填充的区域;②填充的图案;③填充方式。

1. 执行途径

(1)"绘图"工具栏:单击"图案填充"按钮 🔣。

(2)菜单栏:单击"绘图" / "图案填充"命令。

(3)命令行:输入"HATCH"并执行(快捷命令"H")。

2. 操作说明

执行"HATCH"命令,弹出"图案填充和渐变色"对话框,如图 3-18 所示。

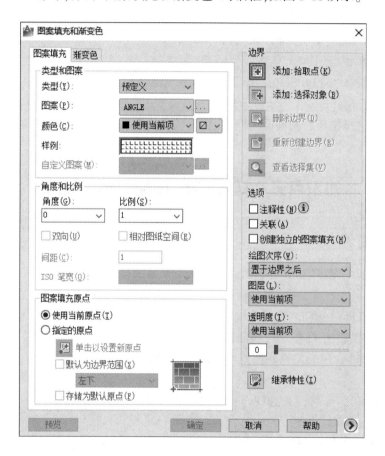

图 3-18 "图案填充和渐变色"对话框

(1)"图案填充"选项卡

在"图案填充"选项卡可以快速设置图案填充,各选项的含义和功能如下。

①"类型"下拉列表框:用于设置填充的图案类型,包括"预定义"、"用户定义"和"自定义"3 个选项。其中,选择"预定义"选项,则可以使用 AutoCAD 2014 提供的图案;选择"用户定义"选项,则需要用户临时定义图案,该图案由一组平行线或者相互垂直的两组平行线组

成;选择"自定义"选项,则可以使用用户事先定义好的图案。

②"图案"下拉列表框:当在"类型"下拉列表框中选择"预定义"选项时,此下拉列表框才可用,并且此下拉列表框主要用于设置填充的图案。单击右侧的按钮,打开"填充图案选项板"对话框,如图 3-19 所示,用户可选择所需的图案。例如,45°剖面线用"AN-SI31",混凝土用"AR-CONC",钢筋混凝土用"ANSI31+AR-CONC"。

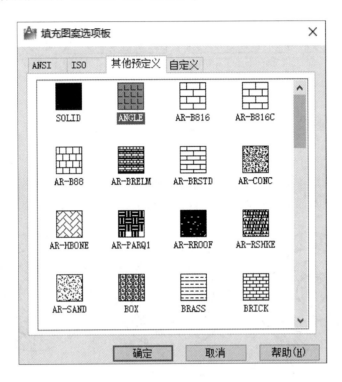

图 3-19 "填充图案选项板"对话框

③"角度"下拉列表框:用于设置填充的图案旋转角度,每种图案在定义时的旋转角度默认都为零。

(2)边界选项卡

一般有两种方法选取边界,即"拾取点"和"选择对象"。

①"拾取点"指的是拾取内部点,即在封闭区域内任意位置单击,就选定了该封闭区域,可以通过连续单击选择多个封闭区域。

②"选择对象"指的是选择需要填充区域的边界线,边界可以是不封闭的。

此外,有时在填充过程中还需要用到"删除边界"功能。例如,要完成如图 3-20 所示的填充,就要忽略大矩形内部的小矩形"岛"(即边界),在选择填充区域时要按下面的步骤进行。

单击"拾取点"按钮，在大矩形和小矩形之间区域单击并按<Enter>键,返回"边界图案填充"对话框。单击"删除边界"按钮，对话框隐去,移动光标到小矩形上单击,小矩形由虚变实。这样,在填充过程中会忽略小矩形区域,按<Enter>键返回"图案填充和渐变色"对话框,点击"确

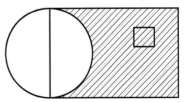

图 3-20 填充工程中删除边界

定"按钮即可完成图 3-20 所示的图案填充。

（3）"选项"选项卡

选中"选项"选项卡中的"关联"，则填充完成后，若改变填充边界，则填充图案也会相应地改变，如图 3-21 所示。

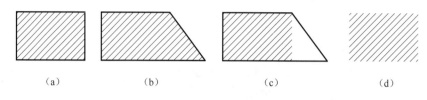

（a）　　　　　（b）　　　　　（c）　　　　　（d）

图 3-21　关联与不关联的效果

（a）填充；（b）关联；（c）不关联；（d）填充完后删除边界

3. 孤岛处理

在填充区域内的对象称为孤岛，如封闭的图形、文字串的外框等，它影响了填充图案时的内部边界，因此，按照对孤岛的处理方式不同而形成了 3 种填充方式，如图 3-22 所示。

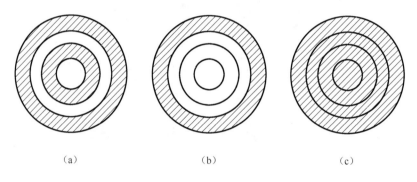

（a）　　　　　　　　（b）　　　　　　　　（c）

图 3-22　孤岛处理方式

（a）普通孤岛检测；（b）外部孤岛检测；（c）忽略孤岛检测

（1）普通孤岛检测

填充从最外面边界开始往里进行，在交替的区域间填充图案，即由外往里每奇数个区域被填充，如图 3-22（a）所示。

（2）外部孤岛检测

填充从最外面边界开始往里进行，遇到第一个内部边界后即停止填充，即仅对最外边区域进行图案填充，如图 3-22（b）所示。

（3）忽略孤岛检测

只要最外的边界组成了一个闭合的多边形，AutoCAD 2014 将忽略所有的内部对象，对最外端边界所围成的全部区域进行图案填充，如图 3-22（c）所示。

用户可以在边界内拾取点或选择边界对象后（即单击"拾取点"按钮或单击"选择对象"按钮之后），右击图形区，从弹出的快捷菜单中选择三种样式之一，如图 3-23（a）所示；或者单击图 3-18 右下角的 ⊙ 按钮，则对话框变为如图 3-23（b）所示。

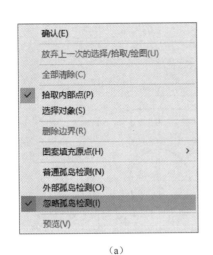 

（a）　　　　　　　　　　　　　　　　　　　（b）

图 3-23　孤岛

任务训练一　使用"直线""多段线"命令绘制图形

使用"直线""多段线"命令绘制图 3-24 和图 3-25 所示的图形。

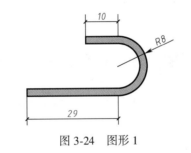

图 3-24　图形 1

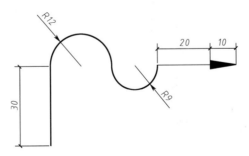

图 3-25　图形 2

任务训练二　使用"直线""圆""圆弧"命令绘制图形

使用"直线""圆""圆弧"命令绘制图 3-26～图 3-28 所示的图形。

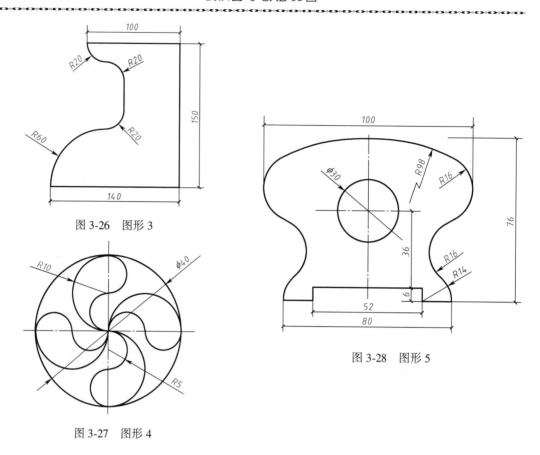

图 3-26　图形 3

图 3-28　图形 5

图 3-27　图形 4

任务训练三　使用"图案填充"命令绘制剖面图、断面图

使用"图案填充"命令绘制图 3-29 和图 3-30 所示的图形。

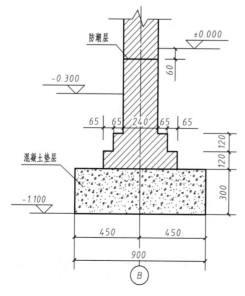

图 3-29　墙身剖面图

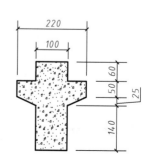

图 3-30　钢筋混凝土梁断面图

项目四　常用编辑命令

学习目标

通过对本项目的学习,应掌握对象编辑命令的使用方法和技巧,并能够使用绘图工具和编辑命令绘制复杂的图形。

在绘制一幅图形时,绘图命令和编辑命令是相辅相成的,图形编辑就是对图形对象进行移动、旋转、缩放、复制、删除和参数修改等操作的过程。AutoCAD 2014 提供了强大的图形编辑功能,可以帮助用户准确而快捷地构造和编辑图形,从而极大地提高了绘图效率。

常用的图形编辑命令都在如图 4-1 所示的"修改"工具栏中。用户也可以通过选择"修改"菜单中的命令来对图形进行编辑和修改,如图 4-2 所示。

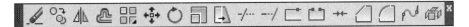

图 4-1　"修改"工具栏

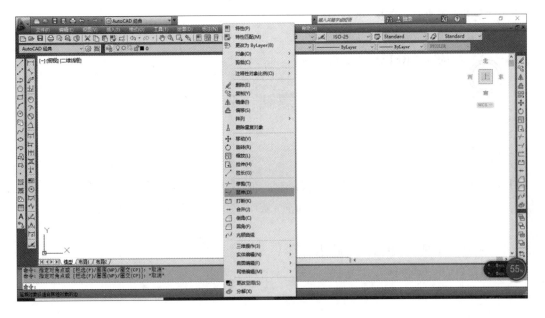

图 4-2　"修改"菜单

知识点一　删除与恢复

对于不需要的图形在选中后可以删除,如果删除有误,还可以利用相关命令恢复。

一、删除

1. 执行途径

(1)"修改"工具栏:单击"删除"按钮 ✐ 。

(2)菜单栏:单击"修改"/"删除"命令。

(3)命令行:输入"ERASE"并执行(快捷命令"E")。

2. 操作说明

执行"ERASE"命令后,工作界面中的十字光标将变为一个拾取框,用户可选择要删除的对象,然后按<Enter>键或<Space>键结束对象选择,选择的对象即被删除。

此外,按照先选择对象,再调用命令的顺序也可将对象删除。

二、恢复

对于用户来说,无论是编辑、绘图还是其他操作,如果操作有误,或对操作结果不满意,均可以执行取消操作。连续输入 U 并按<Enter>键,可以连续取消前面的操作。

执行途径如下。

(1)"标准"工具栏:单击"放弃"按钮 ↰ 。

(2)菜单栏:单击"编辑"/"放弃"命令。

(3)命令行:输入"U"并执行。

如果执行了"U"命令,可以用下列操作恢复刚刚放弃的操作,执行途径如下:

(1)"标准"工具栏:单击"重做"按钮 ↱ 。

(2)菜单栏:单击"编辑"/"重做"命令。

(3)命令行:输入"REDO"并执行。

知识点二　复制、移动和旋转

一、复制

复制命令用于对图中已有的对象进行复制。使用复制命令可以在保持原有对象不变的基础上,将选择好的对象复制到图中的其他位置,从而减少重复绘制同样图形的工作量。

1. 执行途径

(1)"修改"工具栏:单击"复制"按钮 ❏ 。

(2)菜单栏:单击"修改"/"复制"命令。

(3)命令行:输入"COPY"并执行(快捷命令"CO")。

2. 操作说明

执行"COPY"命令后,系统提示:

(1)"选择对象":选取要复制的对象。

(2)"选择对象":可以继续选择复制对象或按<Enter>键结束选择。

(3)"当前设置":复制模式=多个,显示多重复制。

(4)"指定基点或[位移(D)/模式(O)]<位移>":用"对象捕捉"指定一点作为复制基

准点。

（5）"指定第二个点或<使用第一个点作为位移>"：用"对象捕捉中指定复制到的一点或输入相对第一点的相对坐标。

（6）"指定第二个点或[退出（E）／放弃（U）]<退出>"：可以连续多重复制，或按<Enter>键结束复制。

二、移动

移动命令的作用是将一个或者多个对象平移到新的位置，可以在指定方向上按指定距离移动对象，但不改变对象的方向和大小。

1. 执行途径

（1）"修改"工具栏：单击"移动"按钮 ✛|。

（2）菜单栏：单击"修改"／"移动"命令。

（3）命令行：输入"MOVE"并执行（快捷命令"M"）。

2. 操作说明

执行"MOVE"命令后，命令行提示：

（1）"选择对象"：选择需要移动的对象。

（2）"选择对象"：继续选择对象，或按<Enter>键结束选择。

（3）"指定基点或位移"：指定移动的基准点。

（4）"指定位移的第二点"：指定新的位置基点。

可以用如下方法确定对象被移动的位移。

（1）两点法

通过单击或输入坐标来指定基点和第二点（新基点），系统会自动计算两点之间的位移，并将其作为所选对象移动的位移。

（2）位移法

先指定第一点（即基点），在出现"指定位移的第二点或<使用第一点作位移>"的提示时按<Enter>键，选择括号内的默认项，系统将第一点的坐标值作为对象移动的位移，即第二点相对第一点的相对坐标等于第一点的绝对坐标。

三、旋转

旋转命令可以改变对象的方向，可以按指定的基点为旋转中心，确定旋转指定的角度。

1. 执行途径

（1）"修改"工具栏：单击"旋转"按钮 ○。

（2）菜单栏：单击"修改"／"旋转"命令。

（3）命令行：输入"ROTATE"并执行（快捷命令"RO"）。

2. 操作说明

执行"ROTATE"命令后，依据命令行提示选取对象，结束对象选择后，命令行提示如下：

（1）"指定基点"，指定旋转中心。

（2）"指定旋转角度或[复制（C）／参照（R）]"，输入旋转角度，或者选择"复制"或"参照"选项。

可以通过直接输入角度和使用参照角度来指定旋转角度。直接输入角度，即只输入角度值,不需要输入"°",正值角度为逆时针旋转,负值角度为顺时针旋转;使用参照角度就是在上面的提示下输入"R"。选择"复制"选项,可以在旋转后保留源对象;选择"参照"选项,可以将一个对象的一条边与其他参照对象的边对齐。

3. 应用示例

使用旋转命令将图 4-3(a)中左侧的三角形旋转,旋转至 *AB* 边与 *AC* 边对齐,如图 4-3(b)所示。

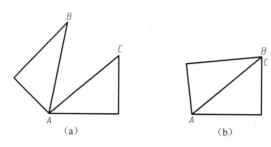

图 4-3　旋转参照

操作步骤如下。

(1)命令行:输入"rotate"并执行。

(2)选择对象:选择左侧三角形。

(3)选择对象:按<Enter>键结束对象选择。

(4)指定基点:捕捉 *A* 点为旋转中心。

(5)指定旋转角度或［复制(C)/ 参照(R)］<0>:在命令行输入"R"并执行,使用参照角度。

(6)指定参照角<0>:捕捉 *A* 点。

(7)指定第二点:捕捉 *B* 点。

(8)指定新角度或［点(P)］<0>:捕捉 *C* 点。

知识点三　镜像、阵列和偏移

一、镜像

镜像操作是一种常用的编辑方法,可将绘制的图形对象按给定的对称轴(镜像线)作反像复制。

1. 执行途径

(1)"修改"工具栏:单击"镜像"按钮 。

(2)菜单栏:单击"修改"/ "镜像"命令。

(3)命令行:输入"MIRROR"并执行(快捷命令"MI")。

2. 操作说明

执行"MIRROR"命令后,命令行提示:

(1)"选择对象":选择要镜像的对象。

(2)"选择对象":继续选择对象或按<Enter>键结束对象选择。

(3)"指定镜像线的第一点""指定镜像线的第二点":指定镜像对称轴的两点,即指定镜像线。

(4)"是否删除源对象? [是(Y)/否(N)]<N>":选择是否删除源对象,如果不删除源对象,直接按<Enter>键。

提示:

(1)镜像与复制的区别在于,镜像是将对象反像复制;

(2)镜像线可以是已有的直线,也可以由指定的两点确定。

二、阵列

在绘制工程图样时,经常遇到布局比较规则的各种图形,如建筑立面图中窗的布置、建筑平面图中柱网的布置。当它们成矩形或环形阵列布局时,可利用 AutoCAD 2014 向用户提供的快速进行矩形或环形阵列复制的命令(即"阵列"命令)进行绘制。

1. 执行途径

(1)"修改"工具栏:单击"阵列"按钮(长按 会出现)。

(2)菜单栏:单击"修改"/"阵列"/"矩形阵列,路径阵列,环形阵列"命令。

(3)命令行:输入"ARRAY"并执行(快捷命令"AR")。

2. 创建矩形阵列

矩形阵列是指将选中的对象进行多重复制后沿 X 轴和 Y 轴或 Z 轴(即行、列、层)方向排列的阵列方式,创建的对象将按用户定义的行数和列数排列。具体操作说明如下所述。

执行"矩形阵列"命令后,命令行提示:

(1)"选择对象"选择要阵列的对象。

(2)"类型=矩形 关联=是":关联指阵列项目包含在一个整体阵列对象中,编辑阵列对象的特性,如改变间距或项目数,阵列项目也会相应地进行改变。非关联则阵列中的项目将创建为独立的对象。更改一个项目不影响其他项目。

(3)"为项目数指定角点或[基点(B)/角度(A)/计数(C)]<计数>":移动鼠标指定栅格的对角点以设置行数和列数。在定义阵列时会显示预览栅格,如图 4-4 所示。

各选项含义如下。

①基点(B):指阵列和阵列项目的基准点,如图 4-5 中指定 A 点为基点,则 A 点为阵列对象的基点。

②角度(A):指阵列项目以基点为圆心平移转动指定的角度,图 4-6 所示为 45°。

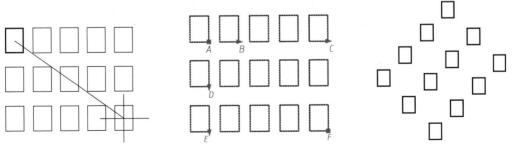

图 4-4　鼠标指定行数和列数　　　　图 4-5　阵列基点　　　　图 4-6　阵列角度

③计数(C):输入"C"并按<Enter>键或在"为项目数指定角点或［基点(B)/角度(A)/计数(C)]<计数>"提示时直接按<Enter>键,命令行提示输入。

(4)"指定对角点以间隔项目或[间距(S)]<间距>":移动鼠标可以确定行间距、列间距。最常用的是间距(S),即输入"S"并按<Enter>键或在"指定对角点以间隔项目或［间距(S)]<间距>"提示时直接按<Enter>键,命令行提示输入行间距和列间距。

(5)"按 Enter 键接受或［关联(AS)/基点(B)/行(R)/列(C)/层(L)/退出(X)]<退出>":关联(AS)选项确定阵列项目是否关联;基点(B)选项确定基点位置;行(R)、列(C)、层(L)选项分别确定行数、列数和层数及行间距、列间距和层高。

提示:

(1)关联矩形阵列如图 4-5 所示,可以对其进行夹点操作:选定关联阵列,出现六个蓝色夹点,单击后变红,称为热夹点,可以用鼠标对热夹点进行拖动操作。A 夹点可以移动整个阵列对象;B 夹点可以修改列间距;D 夹点可以修改行间距;C 夹点可以修改列数、列总间距、阵列角度,按<Ctrl>功能键在三者之间切换;E 夹点是修改行数、行总间距和阵列角度;F 夹点可以修改行数、列数及行总间距和列总间距。

(2)行间距和列间距可以是正值也可以是负值,正值在源对象右侧、上侧阵列,负值在源对象左侧、下侧阵列。

3. 创建环形阵列

环形阵列是围绕指定的圆心或一个基点在其周围作圆形或成一定角度的扇形排列。

执行"环形阵列"命令后,命令行提示:

(1)"选择对象":选择阵列源对象。如图 4-7(b)所示,选择椅子为阵列源对象。

(2)"指定阵列的中心点或［基点(B)/旋转轴(A)]":指定阵列中心。如图 4-7(b)所示指定桌子圆心为阵列中心。

(3)"输入项目数或[项目间角度(A)/表达式(E)]<4>":输入阵列项目数,如图 4-7 所示,阵列项目数为 10;"项目间角度(A)"选项用于指定阵列项目间的夹角。

(4)"指定填充角度(+ = 逆时针、- = 顺时针)或［表达式(EX)]<360>":指定阵列角度。如图 4-7 所示,阵列角度为 360°。正角度值为逆时针阵列,负角度值为顺时针阵列。

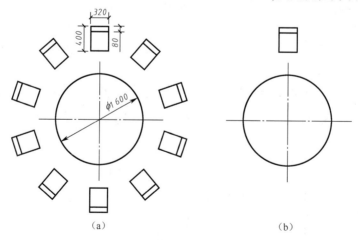

图 4-7　餐厅桌椅

提示:

(1)按住<Ctrl>键并单击关联阵列中的项目可删除、移动、旋转或缩放选定的项目,而不会影响其余的阵列。对于图4-8(a)所示的环形关联阵列,按住<Ctrl>键并单击选择最上方的椅子,用移动命令移动一定距离,其余椅子保持不动,如图4-8(b)所示。

(2)关联阵列中的项目是一整体对象,可单击修改工具栏的"分解" 按钮进行分解。

(3)调整行数、列数、行间距、列间距、阵列角度等还可以在选定阵列后单击"标准"工具栏的"特性" 按钮,在特性窗口中调整。

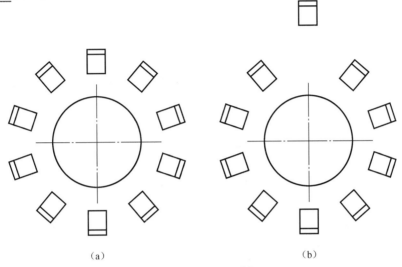

(a)　　　　　　　　　　　　(b)

图4-8　阵列项目编辑

4. 创建路径阵列

路径阵列是项目均匀地沿路径或部分路径排列。

执行"路径阵列"命令后,命令行提示:

(1)"选择对象":选取阵列源对象。如图4-9(b)所示,选择树为阵列源对象(树可以从工具选项板中调用)。

(2)"选择路径曲线":选取阵列路径。如图4-9(a)所示,选择曲线为阵列路径。

(3)"输入沿路径的项目数或[方向(O)/ 表达式(E)]<方向>":输入阵列项目数。如图4-9所示,阵列项目数为8。

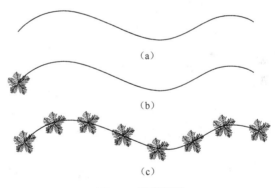

图4-9　路径阵列

(4)"指定沿路径的项目之间的距离或[定数等分(D)/ 总距离(T)/ 表达式(E)]<沿路径平均定数等分(D)>":输入阵列项目间的距离。"总距离(T)"选项为在路径曲线的那一部分进行阵列;表达式(E)最常用的是"沿路径平均定数等分(D)"。如图4-9(c)所示,曲线路径上阵列8棵树。

(5)"按<Enter>键接受或[关联(AS)/ 基点(B)/ 项目(I)/ 行(R)/ 层(L)/ 对齐项目(A)/ Z方向(Z)/ 退出(X)]<退出>":同矩形阵列类似。

三、偏移

偏移命令可以根据指定距离或通过点,创建一个与原有图形对象平行或具有同心结构的形体。可以偏移的对象包括直线、矩形、正多边形、圆弧、圆、二维多段线、椭圆、椭圆弧、参照线、射线和平面样条曲线等。在实际应用中,常利用"偏移"命令快捷创建平行线或等距离分布图形,如图框、标题栏等。

1. 执行途径

(1)"修改"工具栏:单击"偏移"按钮 ⟠ 。

(2)菜单栏:单击"修改"/"偏移"命令。

(3)命令行:输入"OFFSE"并执行(快捷命令"O")。

2. 操作说明

执行"OFFSE"命令后,系统提示:

(1)"指定偏移距离或 [通过(T)/ 删除(E)/ 图层(L)]<通过>":输入偏移的距离。

(2)"选择要偏移的对象或 [退出(E)/ 放弃(U)]<退出>":选择要偏移的对象。

(3)"指定要偏移的那一侧上的点或 [退出(E)/ 多个(M)/ 放弃(U)]<退出>":通过单击确定偏移方向,可以连续偏移或按<Enter>键结束偏移。

提示:

(1)如果指定偏移距离,在选择要偏移复制的对象后,需要指定偏移方向,直线可以指定两侧,圆和矩形等封闭图元则指定内侧或外侧。

(2)"指定偏移距离或[通过(T)/ 删除(E)/ 图层(L)]"提示时,如果在命令行输入"T",按<Enter>键并选择要偏移复制的对象后,需要指定一个通过点,这时偏移出的对象将经过通过点。通过点一般用对象捕捉选取。

(3)"指定偏移距离或 [通过(T)/ 删除(E)/ 图层(L)]"提示时,如果在命令行输入"E"并按<Enter>键,系统将提示是否删除源对象,即偏移后源对象是保留或删除。

(4)偏移命令是一个单对象编辑命令,在使用过程中,只能以直接单击拾取的方式选择对象。

(5)使用偏移命令偏移对象时,偏移结果不一定与源对象相同。例如,对圆弧作偏移后,新圆弧与旧圆弧同心且具有同样的包含角,但新圆弧的弧长要发生改变;对圆或椭圆作偏移后,新圆、新椭圆与旧圆、旧椭圆有同样的圆心,但新圆的半径或新椭圆的轴长要发生变化。对直线段、构造线、射线作偏移,是平行复制。

知识点四　　缩放、拉伸和拉长

一、缩放

缩放命令是指将选择的图形对象按比例均匀地放大或缩小。若比例因子大于1,则使对象放大;若比例因子介于0~1之间,则使对象缩小。

1. 执行途径

(1)"修改"工具栏:单击"缩放"按钮 ⬜ 。

(2)菜单栏:单击"修改"/"缩放"命令。

(3)命令行:输入"SCALE"并执行(快捷命令"SC")。

2. 操作说明

(1)单击"修改"工具栏中的"缩放"按钮。

(2)选择要缩放的对象。

(3)指定基点。

(4)输入比例因子即可将对象按比例放大或缩小。

3. 参照缩放操作说明

如果用户不能事先确定缩放比例，只知道缩放后的尺寸或缩放后的一个参照，就需要用参照缩放命令。如图4-10(a)所示，窗户缩放后，*AB*边长需要达到*AC*的长度。

执行"缩放"命令，选择缩放对象窗户，选择基点*A*。

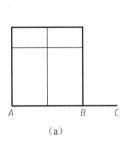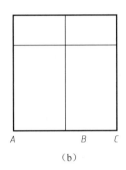

图4-10　参照缩放

在"指定比例因子或［复制(C)／参照(R)］"提示时输入"R"并按<Enter>键，先选择参照线(单击*A*和*B*点)，然后单击*C*点，缩放结果如图4-10(b)所示。

提示：

"缩放"按钮 ⬚ 与"视口缩放"按钮 🔍 的作用不同，视口缩放只是改变图形对象在工作界面中的显示大小，并不改变图形本身的尺寸；缩放将改变图形本身的尺寸。

二、拉伸

拉伸命令可以拉伸对象中被选定的部分，没有被选定的部分保持不变。所以拉伸对象选定方法只能用"窗交"法，即自右向左拉窗口选定的方法，只将对象一部分框在"窗交"框中才能拉伸，否则就是移动。

1. 执行途径

(1)"修改"工具栏：单击"拉伸"按钮 ⬚。

(2)菜单栏：单击"修改"／"拉伸"命令。

(3)命令行：输入"STRETCH"并执行(快捷命令"S")。

2. 操作说明

对于由直线、圆弧、区域填充和多段线等对象，若其所有部分均在选择窗口内，那么它们将被移动，如果它们只有一部分在选择窗口内，则遵循以下拉伸规则：

(1)直线：位于窗口外的端点不动，位于窗口内的端点移动。

(2)圆弧：与直线类似，但在拉伸过程中，圆弧的弦高保持不变，并由此来调整圆心的位置和圆弧起始角、终止角的值。

(3)区域填充：位于窗口外的端点不动，位于窗口内的端点移动。

(4)多段线：与直线或圆弧相似，但多段线两端的宽度、切线方向以及曲线拟合信息均不改变。

三、拉长

非闭合的直线、圆弧、多段线、椭圆弧和样条曲线的长度可以通过拉长改变，还可以改变圆弧的角度。

1. 执行途径

(1)菜单栏：单击"修改"／"拉长"命令。

（2）命令行：输入"LENGTHEN"并执行（快捷命令"LEN"）。

2. 操作说明

执行"LENG THEN"命令后，系统提示"选择对象或［增量（DE）／百分数（P）／全部（T）／动态（DY）]"：默认情况下，用户选择对象后，系统会显示出当前选中对象的长度、包含角等信息。

其他选项含义如下。

（1）增量（DE）：以直接增加的方式修改对象的长度。

（2）百分数（P）：以相对于原长度的百分比来修改直线或者圆弧的长度。

（3）全部（T）：以给定直线新的总长度或圆弧的新包含角来改变长度。

（4）动态（DY）：允许用户动态地改变圆弧或者直线的长度。

提示：

（1）拉长只在对象的一端增长，在"选择要修改的对象"提示时，可通过单击确定增长方向；

（2）增量可正可负，增量为正时拉长，增量为负时缩短。

知识点五　　延伸和修剪

延伸命令可以将选定的对象延伸至指定的边界上，修剪命令可以将选定的对象在指定边界一侧的部分剪切掉。

一、延伸

延伸命令可以使延伸对象准确地到达用其他对象定义的边界；或以延伸边界作为修剪边，修剪所选的延伸对象。可延伸的对象包括直线、圆弧、椭圆弧、开放的二维和三维多段线及射线，可作为延伸边界的对象包括直线、圆弧、椭圆弧、圆、椭圆、二维和三维多段线、射线、构造线、面域、样条曲线等。

1. 执行途径

（1）"修改"工具栏：单击"延伸"按钮 -/。

（2）菜单栏：单击"修改"／"延伸"命令。

（3）命令行：输入"EXTEND"并执行（快捷命令"EX"）。

2. 操作说明

执行"EXTEND"命令后，第一次提示选择对象，此时选择的应该是延伸到的边界。按下 <Enter> 键后提示选择要延伸的对象，此时选择的才是要延伸的对象。

使用"延伸"命令时，如果按下 <Shift> 键同时选择对象，则相当于执行"修剪"命令；使用"修剪"命令时，如果按下 <Shift> 键同时选择对象，则相当于执行"延伸"命令。

二、修剪

"修剪"命令可以用指定的剪切边去修剪所选定的对象，实现部分擦除，或将被修剪的对象延伸到剪切边。可被修剪的对象包括直线、圆弧、椭圆弧、圆、二维和三维多段线、构造线、射线以及样条曲线。修剪边界可以是直线、圆弧、椭圆弧、圆、二维和三维多段线、构造线、面域、射线、样条曲线以及文字。

1. 执行途径

(1)"修改"工具栏:单击"修剪"按钮 ⨎ 。

(2)菜单栏:单击"修改" / "修剪"命令。

(3)命令行:输入"TRIM"并执行(快捷命令"TR")。

2. 操作说明

下面以图 4-11 为例说明修剪过程。

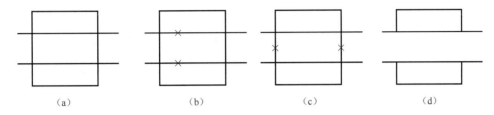

图 4-11 剪切
(a)原图;(b)选择剪切边界;(c)选择被剪切边;(d)结果

操作步骤如下。

(1)单击"修改"工具栏中的"修剪"按钮,系统提示"选择对象":选择剪切边界线。如图 4-11(b)所示,选择两条线作为剪切边。

(2)按<Enter>键后结束剪切边的选择。此时系统提示"选择要修剪的对象或按住 Shift 键选择要延伸的对象或［栏选(F)/ 窗交(C)/ 投影(P)/ 边(E)/ 删除(R)/ 放弃(U)］":选择要修剪的部位,如图 4-11(c)所示。

(3)按<Enter>键完成修剪,结果如图 4-11(d)所示。

3. 隐含修剪

隐含修剪是指延伸修剪边界,下面以图 4-12 为例介绍隐含修剪的方法。

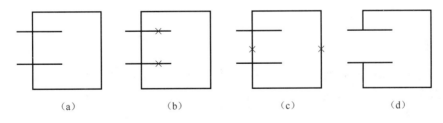

图 4-12 隐含修剪
(a)原图;(b)选择剪切边界;(c)选择被剪切边;(d)结果

操作步骤如下。

(1)单击"修改"工具栏中的"修剪"按钮 ⨎ 。

(2)选择剪切边,如图 4-12(b)所示,按<Enter>键,此时系统提示"选择要修剪的对象,或按住<Shift>键选择要延伸的对象,或［栏选 (F)/ 窗交(C)/ 投影(P)/ 边(E)/ 删除(R)/ 放弃(U)］"。

(3)输入"E"并按<Enter>键,此时系统提示"输入隐含边延伸模式［延伸(E)/ 不延伸(N)］":选择延伸。

（4）选择要修剪的对象,如图 4-12(c)所示。

（5）按<Enter>键完成修剪,结果如图 4-12(d)所示。

知识点六　打断、合并和分解

一、打断

打断命令用于打断所选的对象,即将所选的对象分成两部分,或删除对象上的某一部分。可被打断的对象包括直线、射线、圆弧、椭圆弧、二维或三维多段线和构造线等。

1. 执行途径

（1）"修改"工具栏:单击"打断"按钮 📖 。

（2）菜单栏:单击"修改" / "打断"命令。

（3）命令行:输入"BREAK"并执行(快捷命令:BR)。

2. 操作说明

（1）打断对象时,需确定两个断点。可以将选择对象时单击的点作为第一个断点,然后指定第二个断点,还可以先选择整个对象然后再指定两个断点。

（2）如果仅将对象在某点处打断,则可直接应用"修改"工具栏中的"打断于点"按钮。打断主要用于删除断点之间的对象,因为某些删除操作是不能由"擦除"和"修剪"命令完成,而可以用"打断"命令完成的。

提示:

对于封闭的圆,打断部分是第一点逆时针到第二点的部分。

3. 打断于点

在"修改"工具栏中单击"打断于点" 🗂 按钮,可以将对象在一点处断开成两个对象。此命令是从"打断"命令中派生出来的,执行时,只需要选择需要被打断的对象,然后指定打断点,即可从该点打断对象。

提示:对于封闭的圆,"打断于点"命令不能用。

二、合并

合并命令可以将某一图形上的两个部分进行连接,或将某段圆弧闭合为整圆。例如,将位于同一直线上的两条直线段进行接合。

1. 执行途径

（1）"修改"工具栏:单击"合并"按钮 ⊬ 。

（2）菜单栏:单击"修改" / "合并"命令。

（3）命令行:输入"JOIN"并执行。

2. 操作说明

执行"JOIN"命令后,命令行提示:

（1）"选择源对象或要一次合并的多个对象":这时选择要合并的某一个或多个对象;

（2）"选择要合并的对象":按照提示选择另一合并对象。

三、分解

分解命令主要用于将一个对象分解为多个单一的对象。可被分解的对象包括整体图形、图块、文字、尺寸标注等。

1. 执行途径

(1)"修改"工具栏：单击"分解"按钮 。

(2)菜单栏：单击"修改"／"分解"命令。

(3)命令行：输入"EXPLODE"并执行(快捷命令"X")。

2. 操作说明

执行"EXPLODE"命令后，系统提示"选择要分解的对象"；选中对象并按<Enter>键即可完成操作。例如，用矩形命令绘制的矩形是一个整体对象，被分解后就变成了四条直线，即四个对象。

知识点七　倒角及倒圆角

倒角命令和倒圆角命令是用选定的方式，通过事先确定了的圆弧或直线段来连接两条直线、圆、圆弧、椭圆弧、多段线、构造线和样条曲线等。

一、倒角

倒角是通过延伸(或修剪)，使两个非平行的直线类对象相交或利用斜线连接。可以对由直线、多段线、参照线和射线等构成的图形对象进行倒角。

1. 执行途径

(1)"修改"工具栏：单击"倒角"按钮 。

(2)菜单栏：单击"修改"／"倒角"命令。

(3)命令行：输入"CHAMFER"并执行(快捷命令"CHA")。

2. 操作说明

执行"CHAMFER"命令后，系统提示"选择第一条直线或[放弃(U)／ 多段线((P)／ 距离(D)／ 角度(A)／ 修剪(T)／ 方式(E)／ 多个(M)]"。

各个选项的含义如下。

(1)放弃(U)：放弃倒角操作。

(2)多段线(P)：可以对整个多段线全部执行"倒角"命令。除了选择多段线命令绘制的图形对象外，还可以选择矩形命令、正多边形命令绘制的图形对象，且均可以一次性将所有的倒角完成。

(3)距离(D)：可以改变或指定倒角的两个距离，这是最常用的方法。

(4)角度(A)：通过输入第一个倒角长度和倒角的角度来确定倒角的大小。

(5)修剪(T)：用来设置执行倒角命令时是否使用修剪模式，默认是修剪。图 4-13 是修剪和不修剪的对比。

(6)方式(E)：确定是按距离修剪还是角度修剪。

(7)多个(M)：可以连续进行多次倒角处理，当然，这些倒角的大小是一致的。

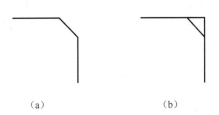

　　　　(a)　　　　　　　　　　　　(b)

图 4-13　是否使用修剪模式效果对比

(a)使用修剪模式；(b)不使用修剪模式

二、倒圆角

倒圆角是通过一个指定半径的圆弧光滑连接两个对象。可以进行倒圆角的对象有直线、多段线、样条曲线、构造线、射线、圆、圆弧和椭圆。直线、构造线和射线在相互平行时也可倒圆角,圆角半径由 AutoCAD 2014 自动计算。此外,倒圆角还可以用来作圆弧连接。

1. 执行途径

(1)"修改"工具栏:单击"圆角"按钮◻。

(2)菜单栏:单击"修改"/"圆角"命令。

(3)命令行:输入"FILLET"并执行(快捷命令"F")。

2. 操作说明

执行"FILLET"命令后,系统提示:

(1)"选择第一个对象或〔放弃(U)/多段线(P))/半径(R)/修前(T)/多个(M)〕"。

(2)输入"R"并按<Enter>键,即可输入圆角半径。其他操作和倒角命令类似。

(3)选择第一对象,选择第二对象。

提示:

对图形多个地方进行相同半径的倒圆角,用圆角命令效率更高。

知识点八　编辑对象特性

对象特性包含一般特性和几何特性,一般特性包括对象的颜色、线型、图层及线宽等;几何特性包括对象的尺寸和位置。如图 4-14 所示,用户可以直接在"特性"窗口中设置和修改对象的这些特性。"特性"窗口中显示了当前选择集中对象的所有特性和特性值,当选中多个对象时,将显示它们的共有特性。用户可以修改单个对象的特性、也可快速修改多个对象的共有特性。

一、特性修改

1. 执行途径

(1)"标准"工具栏:单击"特性"按钮▤。

(2)菜单栏:单击"修改"/"特性"命令。

(3)命令行:输入"PROPERTIES"并执行。

(4)快捷命令:按<Ctrl+1>键。

2. 操作说明

执行"PROPERTIES"命令后,系统打开"特性"窗口(见图 4-14),可以浏览、修改对象的特性。此外,也可以通过浏览、修改满足应用程序接口标准的第三方应用程序对象。

二、特性匹配

特性匹配命令用于将选定特性从一个对象复制给另一个对象或其他更多的对象,这就是通常所说的格式刷。

1. 执行途径

(1)"标准"工具栏:单击"特性"按钮▥。

图 4-14　特性窗口

（2）菜单栏：单击"修改"/"特性匹配"命令。

（3）命令行：输入"MATCHPROP"并执行。

2．操作说明

执行"MATCHPROP"命令后，命令行提示：

（1）"选择源对象"：选择一个特性要被复制的对象；

（2）"选择目标对象或［设置（S）］"：选择目标对象，把源对象的指定特性复制给目标对象；

（3）"选择目标对象或［设置（S）］"：可选择多个目标对象或按<Enter>键结束选择。

知识点九　夹　点　编　辑

在空命令下，单击某图形对象，那么被选中的图形对象就会以虚线显示，而且被选中图形的特征点（如端点、圆心、象限点等）将显示为蓝色的小方框，这些蓝色小方框被称为夹点。

夹点有两种状态：未激活状态和被激活状态。选择某图形对象后出现的蓝色小方框，就是未激活状态的夹点，称为冷夹点。如果单击冷夹点，则该夹点变红，处于被激活状态，称为热夹点。以被激活的夹点为基点，可以对图形对象执行拉伸、平移、复制、缩放和镜像等基本修改操作。

使用夹点编辑功能，可以对图形对象进行各种不同类型的修改操作，其基本的操作步骤是"先选择，后操作"。具体操作步骤如下。

（1）空命令下，单击图形对象，使其出现夹点。

（2）单击某个夹点，使其被激活，成为热夹点。

命令行根据按<Enter>键的次数显示不同提示：

（1）"指定拉伸点或［基点（B）／复制（C）／放弃（U）／退出（X）］"：单击夹点成为热夹点后不按<Enter>键；

（2）"指定移动点或［基（（B）／复制（C）／放弃（U）／退出（X）］"：单击夹点成为热夹点后按一次<Enter>键。

（3）"指定旋转角度或［基（B）／复制（C）／放弃（U）／参（（R）／退出（X）］"：单击夹点成为热夹点后按两次<Enter>键；

（4）"指定比例因子或［基点（B）／复制（C）／放弃（U）／参照（R）／退出（X）］"：单击夹点成为热夹点后按三次<Enter>键；

（5）"指定第二点或［基点（B）／复制（C）／放弃（U）／退出（X）］"：单击夹点成为热夹点后按四次<Enter>键。

提示：

（1）最常用的夹点操作是利用不同位置的夹点的不同默认功能，如直线有三个夹点，两端的夹点用来拉伸直线，中间的夹点用来平移直线。再如，圆有五个夹点，圆心夹点可以平移圆，四个象限点的夹点用来改变圆的半径。

（2）夹点和对象捕捉同时使用有时比修剪、延伸命令更快捷。

任务训练一　综合运用绘图和编辑命令绘制图形

运用绘图和编辑命令绘制图 4-15~图 4-18 所示的图形。

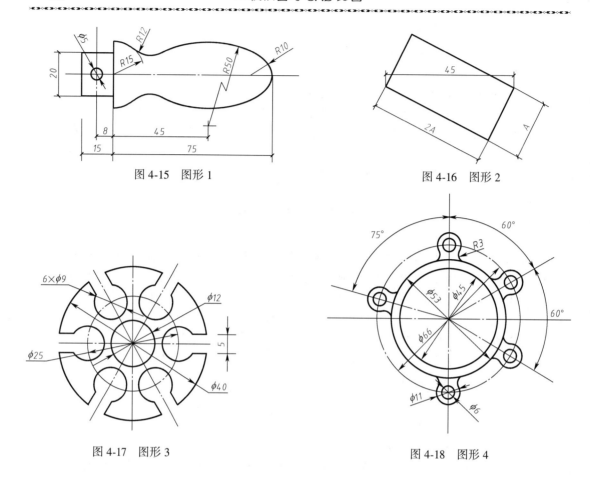

图 4-15　图形 1

图 4-16　图形 2

图 4-17　图形 3

图 4-18　图形 4

任务训练二　综合运用绘图和编辑命令绘制图形

运用绘图和编辑命令绘制如图 4-19 和图 4-20 所示的图形。

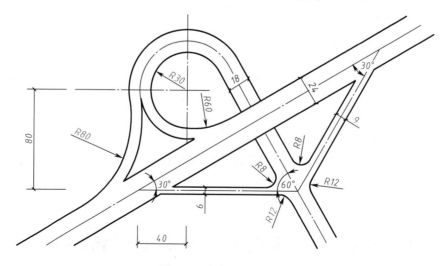

图 4-19　高速公路平面图

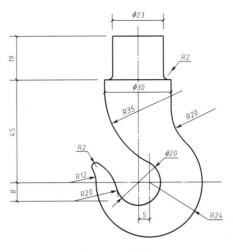

图 4-20 吊车钩

任务训练三 使用"多线"命令和编辑命令绘制建筑平面图

使用"多线"命令和编辑命令绘制如图 4-21 所示的建筑平面图。

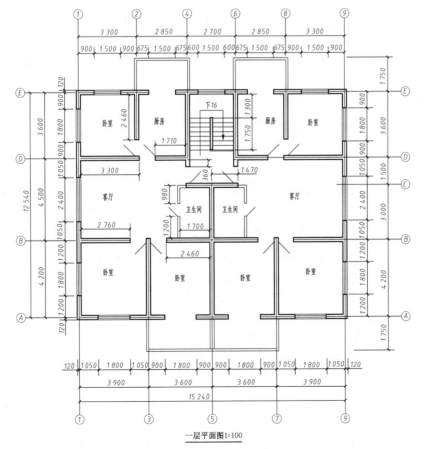

一层平面图1:100

图 4-21 建筑平面图

项目五 文字与表格

学习目标

通过对本项目的学习,应会根据实际绘图需要设置合适的文字样式和表格样式,并将所设置的文字样式和表格样式添加到工程图中,而且能进行编辑和修改。

在工程图样中,一般都有文字注释和表格,用于表达一些非图形信息,如技术要求、注释说明、标题栏和明细栏等。AutoCAD 2014 提供了文字注写、表格绘制及编辑等功能。

知识点一 文 字

一、创建文字样式

AutoCAD 2014 默认的文字样式并不符合我国制图标准的要求,所以需要创建设置文字样式。此外,注写文字之前先创建几种常用的文字样式,可以在需要时从这些文字样式中直接进行选择,十分方便。文字都有与它关联的样式,输入文字时,系统使用的是当前样式设置的字体、字号、角度、方向和其他特性。

1. 执行途径

(1)"样式"工具栏:单击"文字样式"按钮 A。

(2)菜单栏:单击"格式"/"文字样式"命令。

(3)命令行:输入"STYLE"并执行。

(4)文字工具栏(见图 5-1):单击 A 按钮。

图 5-1 文字工具栏

2. 操作说明

单击样式工具栏或文字工具栏的 A 按钮,弹出"文字样式"对话框,在此对话框设置和预览文字样式,如图 5-2 所示。

各对话框选项卡的说明如下。

(1)执行"文字样式"命令后,弹出图 5-2 所示的"文字样式"对话框。在该对话框左侧的窗口列表框显示的是原有的 Standard 文字样式和新创建的文字样式。

(2)"字体"选项卡用来设置所用字体:

在"字体名"下拉列表框,选择所用字体。一般先取消选择"使用大字体",然后用字体下拉列表框选择,汉字一般选择"仿宋_GB2312"字体,字母和数字一般选择"gbeitc. shx"字体。

(3)"大小"选项卡:

①"注释性复选框"是指设定文字是否为注释性对象。

②"高度"用来设置字体的高度。通常将字体高度设为"0",这样在文字输入时,系统会提示输入字体的高度,而且在尺寸标注中的尺寸数字也会随全局比例因子缩放。

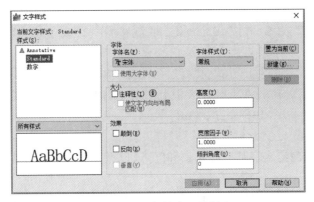

图 5-2　"文字样式"对话框

(4)"效果"选项卡：

用来设置字体的显示效果，包括颠倒、反向、垂直、宽度比例和倾斜角度。通过勾选相应的复选按钮来进行设置，同时在预览框中显示效果。

"宽度因子"即宽度比例，默认值是"1"，按照制图标准，长仿宋字宽度比例应该是"0.7"。

"倾斜角度"，直体是"0"，斜体是"15"。

二、修改文字样式

设置过的文字样式，也可以利用"文字样式"对话框进行修改。如果修改现有样式的字体或方向，使用该样式的所有文字将随之改变并重新生成；如果修改文字的高度、宽度比例和倾斜角将不会改变现有的文字，但会改变以后创建的文字对象。

修改文字样式的步骤如下：

(1)执行"格式"/"文字样式"命令，弹出"文字样式"对话框。

(2)在"样式"列表框中选择一个要修改的文字样式名。

(3)在"字体""大小"或"效果"选项卡内修改任意选项，即可在预览区内可以直接观察到文字样式的修改结果。

(4)单击"应用"按钮，即可保存新的设置，且以当前样式更新图形中的文字。

三、注写文字

注写较少的文字时可使用单行文字，注写较多的文字时可使用多行文字。一般选用多行文字。

(一)注写单行文字

单行文字命令用于在图中注写一行或多行文字，每行文字都是一个单独的对象，可对其进行重新定位、调整或进行其他修改。

1. 执行途径

(1)"文字"工具栏：单击"单行文字"按钮 $\underline{\text{A}}$ 。

(2)菜单栏：单击"单行文字""绘图"/"文字"/"单行文字"命令。

(3)命令行：输入"DTEXT"或"TEXT"并执行。

2. 操作说明

执行"DTEXT"命令后，命令行提示"指定文字的起点或［对正(J)/样式（S）］"，指定文字输入的起点。

此时,也可输入“J”或“S”并按<Enter>键,即选择对正(J)或样式(S)。

(1)对正(J)

此选项用于确定文字的对正方式,执行后系统提示“输入选项:[对齐(A)/ 布满(F)/ 中(C)/ 中间(M)/ 右对齐(R)/ 左上(TL)/ 中上(TC)/ 右上(TR)/ 左中(ML)/ 正中(MC)/ 右中(MR)/ 左下(BL)/ 中下(BC)/ 右下(BR)]”。

各选项的含义如下。

①对齐(A):用于确定文字基线的起点和终点,以调整文字高度使其位于两点之间,如图 5-3 所示。

②布满(F):用于确定文字基线的起点和终点,在保证原指定文字的高度情况下,自动调整文字的宽度以适应指定两点之间均匀分布,如图 5-4 所示。

单行文字命令TEXT和DTEXT

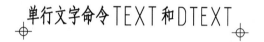

图 5-3 “对齐”选项

单行文字命令TEXT和DTEXT

图 5-4 “布满”选项

③居中(C):用于确定文字基线的中心点位置。

④中间(M):用于确定文字的中间点位置。

⑤右对齐(R):用于确定文字基线的右端点位置。

其他选项的内容及含义,请结合图 5-5 理解和使用。

左中
左上
正中
中上
右上
顶线
右中
中线
右
基线
底线
Computer
左
左下
中心
中下
中间
右下

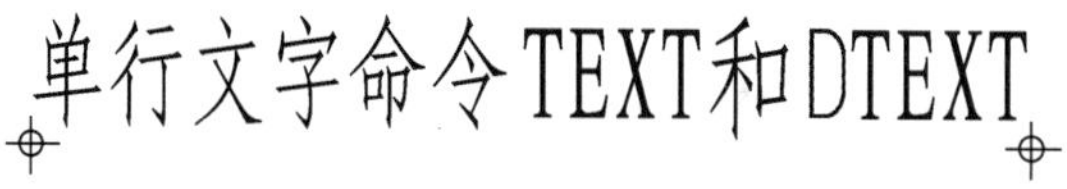

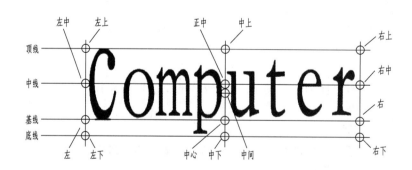

图 5-5 文字的对正方式

(2)样式(S)

此选项用于设置定义过的文字样式,即在命令行输入当前图形中一个已经定义的文字样式名,并将其作为当前文字样式。

当命令行要求指定文字的旋转角度时,如果输入非零角度,则文字与 X 轴成一定角度。

(二)注写多行文字

在工程图中注写文字常用多行文字命令。多行文字由任意数目的单行文字或段落组成。无论文字有多少行,每段文字都构成一个图元,可以对其进行移动、旋转、删除、复制、镜像、拉伸或缩放等编辑操作。多行文字有更多编辑项,可用下划线、字体、颜色和文字高度来修改段落。

1. 执行途径

(1)"绘图"工具栏:单击"多行文字"按钮 **A**。

(2)菜单栏:单击"绘图"/"文字"/"多行文字"命令。

(3)命令行:输入"MTEXT"并执行(快捷命令"T""MT")。

2. 操作说明

执行"MTEXT"命令后,命令行提示"指定对角点或［高度(H)/对正(J)/行距(L)/旋转(R)/样式(S)/宽度(W)/栏(C)］",共有 7 个选项。

各选项的含义如下。

(1)高度(H):用于确定标注文字框的高度,用户可以在屏幕上拾取一点,该点与第一角点的距离即为文字的高度,或者在命令行中输入高度值。

(2)对正(J):用来确定文字的排列方式。

(3)行距(L):用来确定多行文字对象行与行之间的间距。

(4)旋转(R):用来确定文字的倾斜角度。

(5)样式(S):用来确定文字的字体样式。

(6)宽度(W):用来确定标注文字框的宽度。

(7)栏(C):用来分动态、静态或不分栏设定。

设置好以上选项后,系统会提示"指定对角点",用来确定标注文字框的对角点,即拉一个矩形框。AutoCAD 2014 将在这两个对角点形成的矩形区域中进行文字标注,矩形区域的宽度就是所标注文字区的宽度。

3. "多行文字编辑器"简介

当指定了对角点之后,弹出如图 5-6 所示的多行文字编辑器,由文字输入区和"文字格式"工具栏两部分组成,布局和功能与办公软件 Microsoft Word 非常类似。

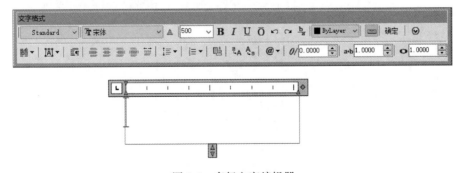

图 5-6　多行文字编辑器

文字输入区配有标尺,可以方便地利用制表符和缩进。拖动滑条和可以轻松改变文字区的大小。

"文字格式"工具栏在文字输入区的上方,用来控制文字字符格式,其选项从左到右依次为"字体名"、"字体"、"字高"、"粗体"、"斜体"、"下划线"、"上划线"、"放弃/撤销"、"堆叠"、"颜色"及"标尺"等各选项的功能如下。

（1）"字体名"：当前文字样式的名字。

（2）"字体"：选择了字体样式，字体自动关联出现。

（3）"字高"：这是一个文本框，也是一个下拉列表框，可以在此输入或选择一个高度值作为当前文字的高度。

（4）"粗体"：单击此按钮将使当前文字变成粗体字。

（5）"斜体"：单击此按钮将使当前文字变成斜体字。

（6）"下划线"：单击此按钮将使当前文字加上一条下划线。

（7）"上划线"：单击此按钮将使当前文字加上一条上划线。

（8）"放弃/重做"：单击此按钮，将放弃或恢复最近一次编辑操作。

（9）"堆叠/非堆叠"：单击此按钮，可将含有"/"符号的字符串文字以该符号为界，变成分式形式表示；可将含有"^"符号的字符串文字以该符号为界，变成上下两部分，其间没有横线，如图 5-7 所示。堆叠的方法是先选中要堆叠的文字，后单击此按钮；如果选中已堆叠的文字后单击此按钮，则文本恢复到非堆叠的形式。

图 5-7 文字堆叠

（10）"颜色"：这是一个下拉列表框，用来设置当前文字的颜色。

（11）"标尺"：单击此按钮将显示或隐藏标尺。

右击文字输入区，弹出如图 5-8 所示的快捷菜单，在该菜单中选择相应的命令也可对文

图 5-8 快捷菜单

字各参数进行相应的设置。例如,选择"符号"命令或单击图5-6中"文字格式"工具栏的@按钮后,弹出如图5-9(a)所示的"符号"级联菜单,用户可以在此选择各种特殊符号输入,如果没有合适的特殊符号,还可以在级联菜单中选择"其他"命令,弹出如图5-9(b)所示的"字符映射表"对话框。在该对话框中,用户可以选择合适的特殊符号。

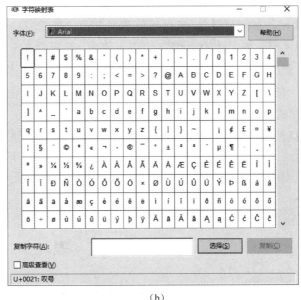

(a) (b)

图5-9　"符号"级联菜单

(a)菜单中的命令;(b)"字符映射表"对话框

　　在实际绘图时,有时需要绘制一些特殊字符以满足工程制图的需要。由于这些特殊字符不能直接从键盘输入,因此AutoCAD 2014提供了控制码来实现,控制码是两个百分号"%%"。

常用控制码及其含义如下:

(1)%%O:打开或关闭文字上划线;

(2)%%U:打开或关闭文字下划线;

(3)%%D:标注"度"符号(°);

(4)%%P:标注"正负公差"符号(±);

(5)%%%:标注百分号(%);

(6)%%C:标注直径符号(φ)。

例如,在注写文字时输入"60%%D%%C58%%P0.003",显示的结果是"60°φ58±0.003"。

四、编辑文字

文字编辑主要涉及两个方面,即修改文字内容和文字特性。

可以用修改特性命令修改编辑文字。该命令可修改各绘图实体的特性,也可修改文字特性,包括文字的颜色、图层、线型、内容、高度、样式、旋转角和对正模式等。

1. 执行途径

(1)"标准"工具栏:单击"特性"按钮 ▦ 。

(2)菜单栏:单击"修改"/"特性"命令。

（3）命令行：输入"PROPERTIES"并执行。

最简单的方法是双击已注入的文字，直接进入输入状态进行编辑。

2. 操作说明

（1）执行"PROPERTIES"命令后，弹出"特性管理器"对话框，如图 5-10 所示。在该对话框，选择要修改的文字。若选择一个实体，对话框中将列出该实体的详细特性以供修改；若选择多个实体，对话框中将列出这些实体的共有特性以供修改。修改的具体方法是：选定文字，在图 5-10 对话框中找到对应的字高、旋转角、宽度因子、倾斜角、样式、对齐等特性，单击即可修改。

（2）修改完一处后，应先按<Esc>键退出对该实体的选定，再选择另一实体进行修改。

（3）要修改文字内容，可在文字上双击，进入多行文字编辑器进行修改。

图 5-10　特性管理器

知识点二　表　　格

表格主要用来展示与图形相关的标准、数据信息、材料和装配信息等内容。AtuoCAD 2014 可以用创建表格命令自动生成数据表格。

一、创建表格样式

用户不仅可以直接使用软件默认的格式制作表格，还可以根据自己的需要自定义表格。

1. 执行途径

（1）"样式"工具栏：单击"表格样式"按钮 📝。

（2）菜单栏：单击"格式" ／ "表格样式"命令。

2. 操作说明

（1）选择"表格样式"命令后，弹出如图 5-11 所示的"表格样式"对话框。

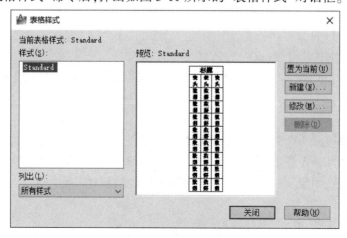

图 5-11　"表格样式"对话框

（2）在对话框中单击"新建"按钮,弹出如图 5-12 所示的"创建新的表格样式"对话框,在"新样式名"文本框中输入样式名称。

图 5-12　"创建新的表格样式"对话框

（3）单击"继续"按钮,弹出"新建表格样式"对话框,如图 5-13 所示。

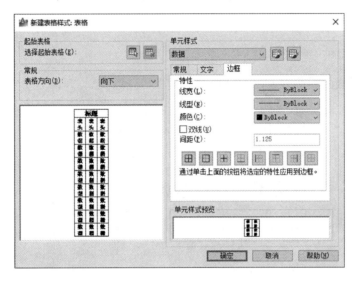

图 5-13　"新建表格样式"对话框

（4）分别在"新建表格样式"对话框的"数据"、"表头"和"标题"等选项卡进行相应的参数设置。图 5-14 为表格的构成。

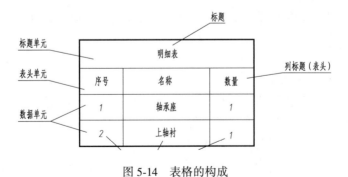

图 5-14　表格的构成

（5）样式设置完毕后,单击"确定"按钮,返回到"表格样式"对话框。此时,在对话框的"样式"列表框中将显示创建好的表格样式。

二、插入表格

1. 执行途径

(1)"绘图"工具栏:单击"表格"按钮 ▦。

(2)菜单栏:单击"绘图" / "表格"命令。

2. 操作说明

执行"表格"命令后,弹出"插入表格"对话框,如图 5-15 所示。在对话框中用户可以设置表格的样式、列宽、行高和插入方式等。

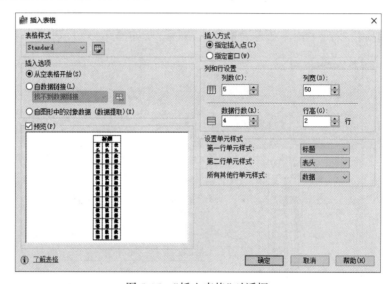

图 5-15 "插入表格"对话框

各选项功能如下。

(1)"表格样式"下拉列表框:用来选择系统提供的或用户已经创建好的表格样式。

(2)"指定插入点"单选按钮:选择该选项,可以在绘图窗口中的某点插入固定大小的表格。

(3)"指定窗口"单选按钮:选择该选项,可以在绘图窗口中通过拖动表格边框来创建任意大小的表格。

(4)"列和行设置"选项卡:设定表格"列数"、"列宽"、"数据行数"和"行高"等。

三、编辑表格

(一)选择表格和表格单元

(1)选择整个表格:单击表格的任意一根表格线可选择整个表格。

(2)选择一个表格单元:单击表单元内的空白处可以选择一个表格单元。

(3)选择一个表格单元区域:有以下 3 种方法。

①单击选择一个表格单元,按住<Shift>键并单击另一个表格单元,可同时选中以这两个表格单元为对角点的所有表格单元。

②单击选择一个表格单元,按住鼠标左键移动,当松开鼠标时,光标带动的虚线框移过的单元,都被选中。

③直接在表格单元内按住鼠标左键移动,当松开鼠标时,光标带动的虚线框移过的单元,

都被选中。

（二）使用夹点编辑表格

（1）使用夹点编辑整个表格：单击网格线选中表格，使用以下夹点之一编辑表格（即单击夹点，使夹点成为选中状态，移动鼠标），如图5-16所示。

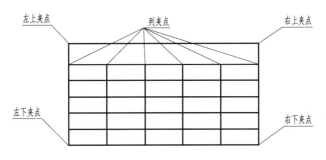

图5-16 "插入表格"对话框

①左上夹点：移动表格。

②右上夹点：统一拉伸表格宽度。

③左下夹点：统一拉伸表格高度。

④右下夹点：统一拉伸表格宽度和高度。

⑤列夹点：单击以更改列宽，按住<Ctrl>键并单击以更改列宽并拉伸表格。

⑥表格底部中间的夹点：为表格打断夹点，它可以将表格打断成表格片段等。

（2）使用夹点编辑表格单元（修改行高、列宽、合并单元）：选择一个或多个要编辑的表格单元，使其顶部或底部的夹点成为选中状态，移动鼠标可编辑选定单元的行高。如果选中多个单元，每行的行高将做同样的修改。若左侧或右侧的夹点成为选中状态，移动鼠标修改选定单元的列宽。如果选中多个单元，每列的列宽将做同样的修改。

（三）使用快捷菜单编辑表格

（1）编辑表格：选中整个表格后右击，会弹出一个快捷菜单（见图5-17），可选择相应命令编辑表格。

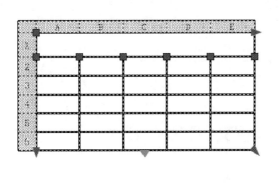

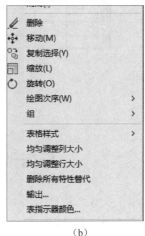

（a）　　　　　　　　　　　　　　　　　（b）

图5-17 编辑表格

（a）选中整个表格；（b）快捷菜单

（2）编辑表格单元：选中一个表格单元或一个表格单元区域后右击，将弹出快捷菜单（见图 5-18），可通过其命令编辑表格单元。

（3）使用"表格"工具栏编辑表格：当选中表格或表格单元后，会弹出一"表格"工具栏。通过其中的选项，可对表格进行修改。图 5-19 为利用表格工具栏合并单元格示意。

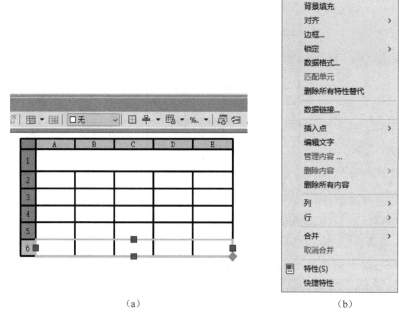

（a）　　　　　　　　　　　　　　　　　　　（b）

图 5-18　利用快捷菜单编辑表格单元

(a)选中表格单元区域；(b)快捷菜单

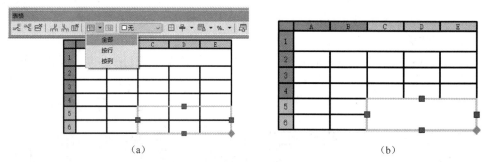

（a）　　　　　　　　　　　　　　　　　　（b）

图 5-19　利用表格工具栏合并单元格示意

(a)合并前；(b)合并后

任务训练　设置文字和表格样式

绘制如图 5-20 所示的表格并填写文字，要求如下：

表格：外框 0.5 粗实线。

文字：仿宋（宽度系数：0.7）。图名和校名为 7 号字，其他为 5 号字。

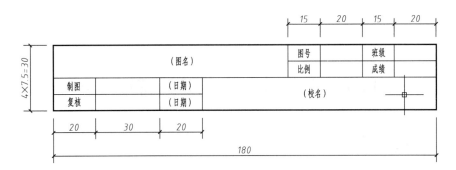

图 5-20 标题栏

项目六　尺寸标注与编辑

学习目标

通过对本项目的学习,应掌握设置和修改尺寸标注样式的方法,能够利用已经设置的标注样式结合各种标注方法对图形尺寸进行标准。

尺寸是工程图中不可缺少的一项内容,工程图中的图形只用来表示工程形体的形状,而工程形体的实际大小是靠尺寸来说明的,所以工程图中的尺寸必须标注得正确、完整、清晰、合理。工程图中的尺寸标注包括尺寸界线、尺寸线、尺寸起止符号、尺寸数字 4 个要素,如图 6-1 所示。

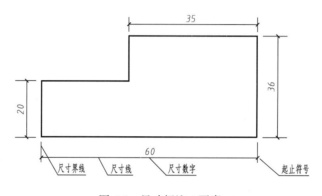

图 6-1　尺寸标注 4 要素

工程图中的尺寸标注必须符合制图标准。目前,各国制图标准有许多不同,我国各行业制图标准的要求也不完全相同。AutoCAD 2014 是一个通用的绘图软件包,可标注直线尺寸、角度尺寸、直径尺寸、半径尺寸及公差等,并允许用户根据需要自行创建尺寸标注样式。所以,在AutoCAD 2014 中标注尺寸,首先应根据制图标准创建所需要的尺寸标注样式;随后使用所建立的标注样式,用尺寸标注命令标注图形的尺寸;最后对不符合要求的标注,用尺寸标注编辑命令编辑修改。

知识点一　创建尺寸标注样式

尺寸标注样式的创建,是由一组尺寸变量的合理设置来实现的。

一、执行途径

(1)"标注"工具栏:单击"标注样式"按钮 ◢。
(2)菜单栏:单击"标注"／"标注样式"命令。

（3）命令行：输入"DIMSTYLE"并执行（快捷命令"DDIM"）。

二、操作说明

如图 6-2 所示，"标注"工具栏是进行尺寸标注最快捷的方式，所以在进行尺寸标注时应将该工具栏弹出放在绘图区旁。弹出标注工具栏的方法是将鼠标放在任一工具栏上并右击，在弹出的快捷菜单中，选定"标注"。

单击图 6-2 中 按钮后，弹出"标注样式管理器"对话框，如图 6-3 所示。

图 6-2　"标注"工具栏

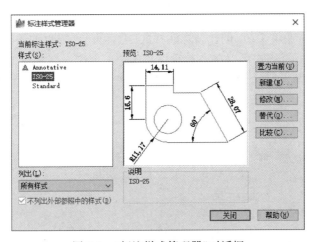

图 6-3　"标注样式管理器"对话框

三、"标注样式管理器"对话框简介

（1）创建新的尺寸标注样式，首先应理解"尺寸标注样式管理器"对话框中各部分的含义。"标注样式管理器"对话框的主要功能包括：预览尺寸标注样式、创建新的尺寸标注样式、修改已有的尺寸标注样式、设置一个尺寸标注样式的替代、设置当前的尺寸标注样式、比较尺寸标注样式、重命名尺寸标注样式和删除尺寸标注样式等。

（2）在"标注样式管理器"对话框中，"当前标注样式"显示当前的尺寸标注样式；"样式"列表框中显示了文件中所有的尺寸标注样式。用户在"样式"列表框中选择了合适的标注样式后，单击"置为当前"按钮，则可将选择的样式置为当前标注样式。

（3）单击"新建"按钮，弹出"创建新标注样式"对话框；单击"修改"按钮，弹出"修改标注样式"对话框，此对话框用于修改过去和以后尺寸标注样式的设置；单击"替代"按钮，弹出"替代当前样式"对话框，此对话框用于设置以后的尺寸标注样式。

四、"创建新标注样式"对话框简介

（1）单击"标注样式管理器"对话框中的"新建"按钮，弹出"创建新标注样式"对话框，如图 6-4 所示。

（2）在"新样式名"文本框中可以设置新创建的尺寸标注样式的名称；在"基础样式"下拉

列表框中可以选择新创建的尺寸标注样式将以那个已有的样式为模板;在"用于"下拉列表框中可以指定新创建的尺寸标注样式将用于那些类型的尺寸标注。

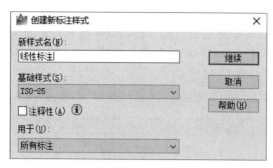

图 6-4　"创建新标注样式"对话框

(3)单击"继续"按钮将关闭"创建新标注样式"对话框,并弹出如图 6-5 所示的"新建标注样式:线性标注"对话框。用户可以在该对话框的各选项卡中设置相应的参数,设置完成后单击"确定"按钮,返回"标注样式管理器"对话框,在"样式"列表框中可以看到新建的标注样式。

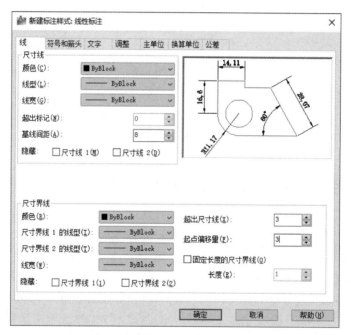

图 6-5　"新建标注样式:线性标注"对话框

五、"新建标注样式"对话框各选项卡设置

1. "线"选项卡

"线"选项卡(见图 6-5)由"尺寸线"和"尺寸界线"两个选项组组成,用于设置尺寸线、尺寸界线,以及中心标记的特性等,以控制尺寸标注的几何外观。

(1)在"尺寸线"选项组中,"颜色"下拉列表框用于设置尺寸线的颜色;"线宽"下拉列表框用于设定尺寸线的宽度;"超出标记"微调按钮用于设定尺寸线超过尺寸界线的距离,如

图 6-6(a)所示;"基线间距"微调按钮用于设定使用基线标注时各尺寸线间的距离,如图 6-6(b)所示;"隐藏"及其复选按钮用于控制尺寸线的显示。

(2)在"尺寸界线"选项组中,"颜色"下拉列表框用于设置尺寸界线的颜色;"线宽"下拉列表框用于设定尺寸界线的宽度;"超出尺寸线"微调按钮用于设定尺寸界线超过尺寸线的距离,如图 6-6(b)所示;"起点偏移量"微调按钮用于设置尺寸界线相对于尺寸界线起点的偏移距离,如图 6-6(b)所示;"隐藏"及其复选按钮用于设置尺寸界线的显示。单击"固定长度的尺寸界线"复选按钮可以在"标注样式"对话框中为尺寸界线指定固定的长度。

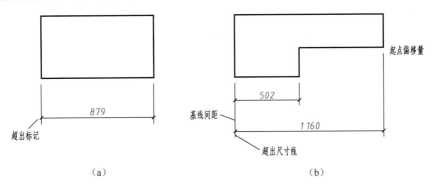

图 6-6　各微调按钮作用示意

2. "符号和箭头"选项卡

"符号和箭头"选项卡由"箭头""圆心标记""弧长符号""半径折弯标注"和"线性折弯标注"五个选项组组成,如图 6-7 所示。

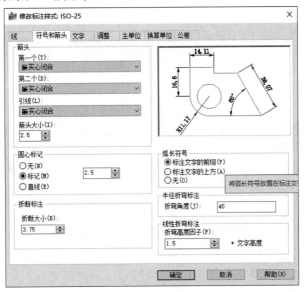

图 6-7　"符号和箭头"选项卡

(1)在"箭头"选项组中,"第一个"和"第二个"下拉列表框用于选定表示尺寸起止符号的箭头的外观形式;"引线"下拉列表框中列出了尺寸线引线部分的形式;"箭头大小"微调按钮用于设定箭头相对其他尺寸标注元素的大小。

(2)"圆心标记"选项组用于在标注半径和直径尺寸时,控制中心线和中心标记的外观。

（3）"弧长符号"选项组用于控制弧长符号的放置位置。弧长符号一般放在标注文字的前面或上方。

（4）"半径折弯标注"选项组可以利用折弯来标注半径,如果圆弧或圆的圆心位于图形边界之外常用折弯标注。

（5）"线性折弯标注"选项组可以在不能精确表示实际尺寸时,将折弯线添加到线性标注中。

3. "文字"选项卡

"文字"选项卡由"文字外观""文字位置"和"文字对齐"3 个选项组组成,用于设置标注文字的格式、位置及对齐方式等特性,如图 6-8 所示。

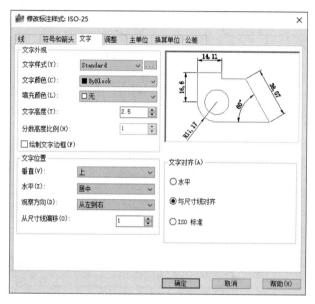

图 6-8　"文字"选项卡

（1）在"文字外观"选项组中,可设置标注文字的格式和大小。"文字样式"下拉列表框用于选择标注文字所用的样式,单击后面的按钮,弹出"文字样式"对话框,该对话框的用法在前面已经讲解过,这里不再赘述。"文字颜色"下拉列表框用于设置标注文字的颜色;"文字高度"微调按钮用于设置当前标注文字样式的高度;"分数高度比例"微调按钮用于设置分数文本的相对字高度系数;"绘制文字边框"复选框用于控制是否在标注文字四周画一个框。

（2）在"文字位置"选项组中,可设置标注文字的位置。"垂直"下拉列表框用于设置标注文字沿尺寸线在垂直方向上的对齐方式;"水平"下拉列表框用于设置标注文字沿尺寸线和尺寸界线在水平方向上的对齐方式;"从尺寸线偏移"微调按钮用于设置文字与尺寸线的间距,如图 6-9 所示。

（3）在"文字对齐"选项组中,可设置标注文字的方向。"水平"单选按钮表示标注文字沿水平线放置;"与尺寸线对齐"单选按钮表示标注文字沿尺寸线方向放置;"ISO 标准"单选按钮表示当标注文字在尺寸界线之间时,沿尺寸线的方向放置,当标注文

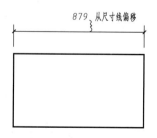

图 6-9　"从尺寸线偏移"
微调按钮效果示意

字在尺寸界线外侧时,则水平放置标注文字。

4."调整"选项卡

"调整"选项卡主要用来调整各尺寸要素之间的相对位置,包括"调整选项""文字位置""标注特征比例"和"优化"4 个选项组,如图 6-10 所示。

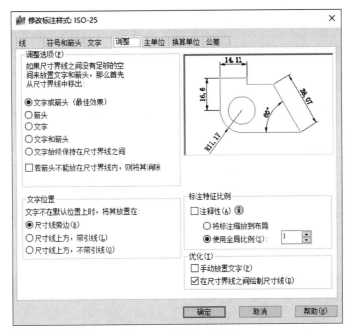

图 6-10 "调整"选项卡

(1)"调整选项"区用来确定在何处绘制箭头和尺寸数字。

①"文字或箭头(最佳效果)"单选按钮,表示将根据两尺寸界线间的距离,以适当方式放置尺寸数字与箭头。

②"箭头"单选按钮,表示如果空间允许,就将尺寸数字与箭头都放在尺寸界线内;如果尺寸数字与箭头两者仅够放一种,那就将箭头放在尺寸界线外,尺寸数字放在尺寸界线内;但若箭头也不足以放在尺寸界线内,那尺寸数字与箭头都放在尺寸界线外。

③"文字"单选按钮,表示如果空间允许,就将尺寸数字与箭头都放在尺寸界线内;如果箭头与尺寸数字两者仅够放一种,那就将尺寸数字放在尺寸界线外,箭头放在尺寸界线内;但若尺寸数字也不足以放在尺寸界线内,那尺寸数字与箭头都放在尺寸界线外。

④"文字和箭头"单选按钮,表示如果空间允许,就将尺寸数字与箭头都放在尺寸界线之内,否则都放在尺寸界线之外。

⑤"文字始终保持在尺寸界限之间"单选按钮,表示任何情况下都将尺寸数字放在两尺寸界线之中。"若不能放在尺寸界限内,则将其消除"复选按钮表示如果空间不够,就省略箭头。

(2)"文字位置"选项组共有 3 个单选按钮。

①"尺寸线旁边"单选按钮用于控制当尺寸数字不在缺省位置时,在尺寸线旁放置尺寸数字。

②"尺寸线上方,带引线"单选按钮用于控制当尺寸数字不在缺省位置时,若尺寸数字与箭头都不足以放到尺寸界线内,可移动鼠标绘出一条引线标注尺寸数字。

③"尺寸线上方,不带引线"单选按钮用于控制当尺寸数字不在缺省位置时,若尺寸数字与箭头都不足以放到尺寸界线内,用引线模式,但不画出引线。

(3)"标注特征比例"选项组共有 3 个操作项。

①"注释性"复选按钮用于根据出图比例来调整注释比例,使打印出的图样中各项参数满足要求。

②"使用全局比例"单选按钮用于以文本框中的数值为比例因子缩放标注的文字和箭头的大小,但不改变标注的尺寸值(模型空间标注选用此项)。例如,1∶1 绘制的建筑图设定的标准样式中的箭头大小是 3,在建筑图中就非常小,这时设置"使用全局比例"为"100"进行放大就可以了。

③"将标注缩放到布局"单选按钮用于以当前模型空间视口和图纸空间之间的比例为比例因子缩放标注。

(4)"优化"选项组共有 2 个操作项。

①"手动放置文字"复选按钮表示在进行尺寸标注时,AutoCAD 2014 允许自行指定尺寸数字的位置。径向标注一般选择此项,线性标注一般不选择此项。

②"在延伸线之间绘制尺寸线"复选按钮用于控制尺寸箭头在尺寸界线外时,是否绘制延伸尺寸线。

5."主单位"选项卡

"主单位"选项卡,用于设置主单位的格式及精度,同时还可以设置标注文字的前缀和后缀,如图 6-11 所示。

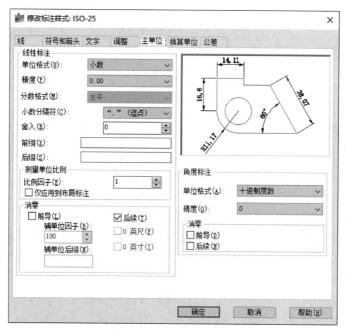

图 6-11 "主单位"选项卡

(1)在"线性标注"选项组中,可设置线性标注单位的格式及精度。

①"单位格式"下拉列表框用于设置所有尺寸标注类型(除了角度标注)的当前单位格式。

②"精度"下拉列表框用于设置在十进制单位下用多少小数位显示标注文字。

③"分数格式"下拉列表框用于设置分数的格式。

④"小数分隔符"下拉列表框用于设置小数格式的分隔符号。

⑤"舍入"微调按钮用于设置所有尺寸标注类型(除角度标注外)测量值的取整规则。

⑥"前缀"文本框用于对标注文字加上一个前缀。

⑦"后缀"文本框用于对标注文字加上一个后缀。

(2)"测量单位比例"选项组用于确定测量时的缩放系数,当按不同比例绘图时,可直接注出实际物体的大小。例如,若绘图时将尺寸缩小一倍,即绘图比例为1∶2,那么比例因子应设置为"2"。设置完成后,系统就将把测量值扩大一倍,使用真实的尺寸值进行标注。"仅应用到布局标注"复选按钮用于控制仅把比例因子用于布局中的尺寸。

(3)"角度标注"选项组用于设置角度标注的角度格式。

(4)"清零"选项组用于控制是否显示"换算单位"的前导零或后续零。

6. "换算单位"选项卡

图6-12是"换算单位"选项卡,其主要用来设置换算尺寸单位的格式和精度,并设置尺寸数字的前缀和后缀,其各操作项与"主单位"标签的同类项基本相同,在此不再详述。

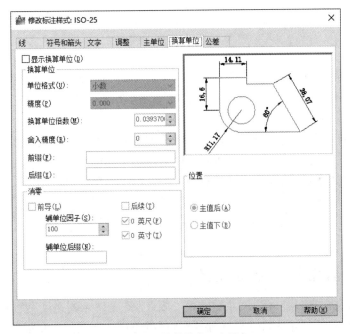

图6-12　"换算单位"选项卡

7. "公差"选项卡

图6-13是"公差"选项卡,其主要用来控制尺寸公差标注形式、公差值大小和公差数字的高度及位置等。

该选项卡主要应用部分是左边区域,该区共有8个操作项,分别介绍如下。

(1)"方式"下拉列表框:用来指定公差标注方式。

(2)"精度"下拉列表框:用来指定公差值小数点后保留的位数。

(3)"上偏差"文本框:用来输入尺寸的上偏差值。

(4)"下偏差"文本框:用来输入尺寸的下偏差值。

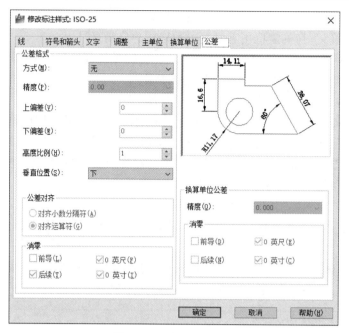

图 6-13　"公差"选项卡

（5）"高度比例"文本框：用来设定尺寸公差数字的高度。该高度是由尺寸公差数字高度与基本尺寸数字高度的比值来确定的。例如，"0.7"这个值使尺寸公差数字高度是基本尺寸数字高度的 0.7 倍。

（6）"垂直位置"下拉列表框：用来控制尺寸公差相对于基本尺寸的位置。

（7）"前导"复选按钮：用来控制是否对尺寸公差值中的前导"0"加以显示。

（8）"后续"复选按钮：用来控制是否对尺寸公差值中的后续"0"加以显示。

知识点二　常用的标注样式

一、设置 3 种常用尺寸标注样式

在工程图中，通常有多种标注尺寸的形式。因此，要提高绘图速度，就应把绘图过程中所采用的尺寸标注形式都创建为尺寸标注样式，从而避免尺寸变量的反复设置，且便于修改。

工程图中常用 3 种尺寸标注样式：线性尺寸标注样式、径向尺寸标注样式、角度标注样式。下面分别介绍如何创建这 3 种常用标注样式。

1. 线性尺寸标注样式

单击"标注样式" ⊿ 按钮，在弹出的"标注样式管理器"对话框中单击"新建"按钮，弹出"创建新标注样式"对话框，在此对话框给所设置的标注样式起名；单击"继续"按钮，弹出"新建标注样式"对话框，各选项卡设置如下。

（1）"线"选项卡：设置"基线间距"为"8"；"超出尺寸线"为"3"；"起点偏移量"为"3"，如图 6-14 所示。

（2）"符号和箭头"选项卡：设置箭头选项组"第一个"和"第二个"为"建筑标记"，调整"箭头大小"为 2~3；其余选项默认，如图 6-15 所示。

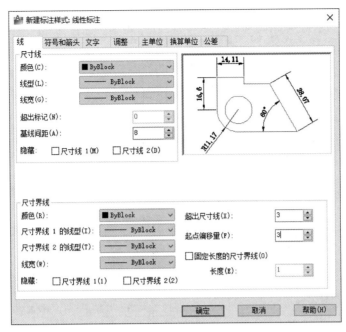

图 6-14　线性标注的"线"选项卡

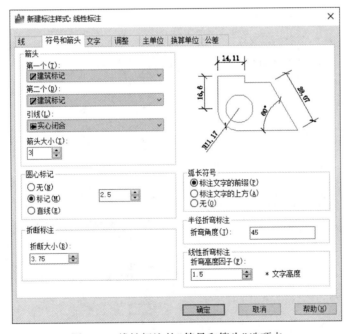

图 6-15　线性标注的"符号和箭头"选项卡

　　(3)"文字"选项卡:选择创建字母、数字的文字样式,设置文字高度为"3.5";"从尺寸线偏移"为1;"文字对齐"选中"与尺寸线对齐",如图 6-16 所示。

　　(4)"调整"选项卡:"调整选项"选第一项"文字或箭头";"使用全局比例"根据绘图大小调整(如绘图比例是 1∶100,则取 100);"优化"选项组选"在尺寸界线之间绘制尺寸线",如图6-17 所示。

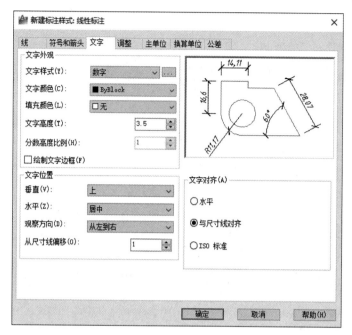

图 6-16　线性标注的"文字"选项卡

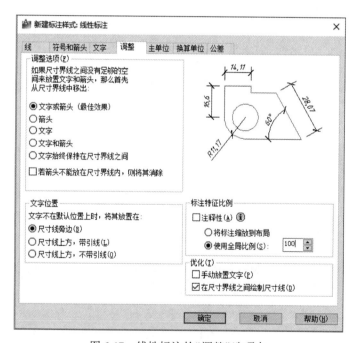

图 6-17　线性标注的"调整"选项卡

（5）"主单位"选项卡：设置"精度"为"0"，根据图形缩放比例取"比例因子"，如图 6-18
所示。

（6）"换算单位"选项卡：选择默认。

（7）"公差"选项卡：选择默认。

单击"确定"按钮，关闭对话框，完成设置。

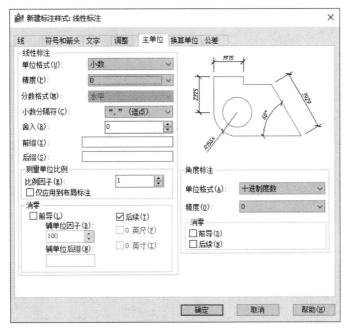

图 6-18 线性标注的"主单位"选项卡

2. 径向尺寸标注样式

单击"标注样式" 按钮,在弹出的"标注样式管理器"对话框中单击"新建"按钮,弹出"创建新标注样式"对话框,在此对话框给所设置的标注样式起名;单击"继续"按钮,弹出"新建标注样式"对话框,各选项卡设置如下。

(1)"线"选项卡:设置"基线间距"为"8";"超出尺寸线"为"3";"起点偏移量"为"3",如图 6-19 所示。

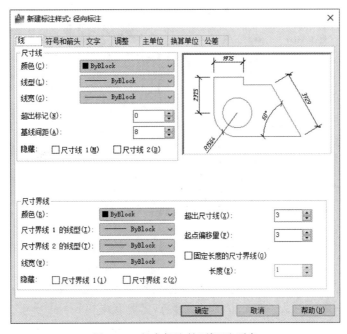

图 6-19 径向标注的"线"选项卡

（2）"符号和箭头"选项卡："箭头"选项组设置为"实心闭合"，设置"箭头大小"为 2~3，如图 6-20 所示。

（3）"文字"选项卡：选择创建的文字样式，"填充颜色"选"背景"，设置"文字高度"为"3.5"；"从尺寸线偏移"为"1"；"文字对齐"选中"ISO 标准"，如图 6-21 所示。

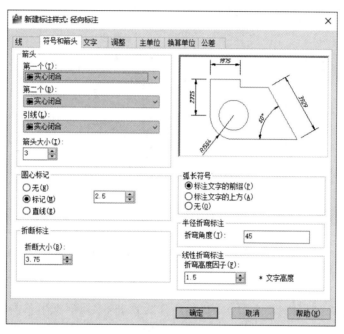

图 6-20 径向标注的"符号和箭头"选项卡

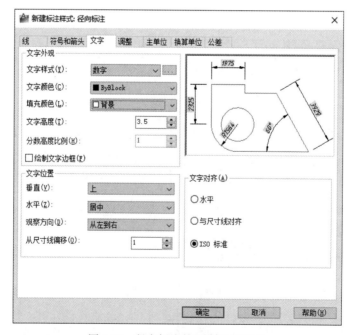

图 6-21 径向标注的"文字"选项卡

（4）"调整"选项卡："调整选项"选中"箭头"；"优化"选项组选中"手动放置文字"和"在尺寸界线之间绘制尺寸线"；"标注特征比例"选中"使用全局比例"，并根据绘图大小调整（如绘图比例是 1∶100，则取 100），如图 6-22 所示。

图 6-22　径向标注的"调整"选项卡

（5）"主单位"选项卡：设置"精度"为"0"，根据图形缩放比例取"比例因子"。

（6）"换算单位"选项卡：选择默认。

（7）"公差"选项：选择默认。

单击"确定"按钮，关闭对话框，完成设置。

3. 角度标注样式

单击"标注样式" ◢ 按钮，在弹出的"标注样式管理器"对话框中单击"新建"按钮，弹出"创建新标注样式"对话框，在此给所设置的标注样式起名；单击"继续"按钮，弹出"新建标注样式"对话框，各选项卡设置如下。

（1）"线"选项卡：同"径向标注"。

（2）"符号和箭头"选项卡：同"径向标注"。

（3）"文字"选项卡：设置"文字高度"为"3.5"；设置"从尺寸线偏移"为"1"；"文字对齐"选中"水平"，如图 6-23 所示。

（4）"调整"选项卡：如图 6-24 所示。

（5）"主单位"选项卡：同"径向标注"。

（6）"换算单位"选项卡：选择默认。

（7）"公差"选项卡：选择默认。

单击"确定"按钮，关闭对话框，完成设置。

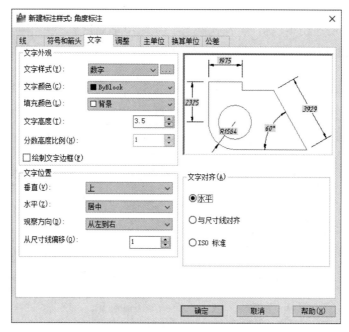

图 6-23　角度标注的"文字"选项卡

图 6-24　角度标注的"调整"选项卡

二、置为当前,修改和替代标注样式

（1）要将一个标注样式置为当前,可在标注样式管理器中单击 置为当前(U) 按钮,或在标注工具栏 线性标注 的下拉菜单中选择。

（2）已设置的尺寸标注样式也可以修改和替代。

在"标注样式管理器"对话框的"样式"下拉列表框中,选择需要修改的标注样式,然后单击"修改"按钮,弹出"修改标注样式"对话框,可以在该对话框中对该样式的参数进行修改。标注样式"修改"后,已用该样式标注的及将要标注的对象全部改变。

在"标注样式管理器"对话框的"样式"下拉列表框中,选择需要替代的标注样式,单击"替代"按钮,弹出"替代当前样式"对话框,用户可以在该对话框中设置临时的尺寸标注样式,以替代当前尺寸标注样式的相应设置。"替代"只对将要标注的对象起作用。

(3)由一种标注样式转成另一种标注样式的方法是选中要转换的标注,然后从标注工具条中 线性标注 的下拉菜单选择要转换成的标注样式。

知识点三　尺寸标注

一、直线型尺寸标注

直线型尺寸是工程制图中最常见的尺寸,包括水平尺寸、垂直尺寸、对齐尺寸、基线标注和连续标注等。下面将分别介绍这几种尺寸的标注方法。

(一)线性标注

1. 执行途径

(1)"标注"工具栏:单击"线性标注" 按钮。

(2)菜单栏:单击"标注" / "线性标注"命令。

(3)命令行:输入"DIMLINEAR"并执行。

2. 操作说明

执行"DIMLINEAR"命令后,命令行提示:

(1)"指定第一个延伸线原点或<选择对象>":选取一点作为第一条尺寸界限的起点(如图6-25(a)中指定 P1 点)。

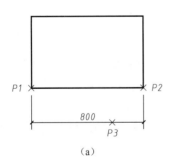
（a）

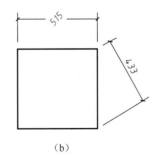
（b）

图 6-25　线性标注

(2)"指定第二条延伸线原点":选取一点作为第二条尺寸界限的起点(如图 6-25(a)中指定 P2 点)。

(3)"指定尺寸线位置或[多行文字(M)/ 文字(T)/角度(A)/ 水平(H)/ 垂直(V)/ 旋转(R)]":移动光标指定尺寸线位置,也可设置其他选项[如图6-25(a)中指定 P3 点]。

①指定尺寸线位置:系统按自动测量值标注尺寸,即完成长度 800 的尺寸标注。

②多行文字(M):显示在位文字编辑器,并利用它编辑标注文字,可在生成的测量值前后输入前缀或后缀。

③文字(T):在命令行自定义标注文字。

④角度(A):指定标注文字的旋转角度。如图 6-25(b)中的尺寸"515"的旋转角度为 45°。

⑤水平(H):用于标注水平方向的尺寸。

⑥垂直(V):用于标注垂直方向的尺寸。此外,通过拖动鼠标也可以切换水平和垂直标注。

⑦旋转(R):指尺寸线将按给定的角度旋转。如图 6-25(b)中的尺寸"433"为旋转 30°的结果。

(二)对齐标注

对齐尺寸标注,可以标注某一条倾斜线段的实际长度。

1. 执行途径

(1)"标注"工具栏:单击"对齐标注" 按钮。

(2)菜单栏:单击"标注"/"对齐"命令。

(3)命令行:输入"DIMALLGNEAD"并执行。

2. 操作说明

执行"DIMALLGNEAD"命令后,命令行提示与操作和线性标注类似,不再赘述。

标注效果如图 6-26 所示。

(三)基线标注

在工程制图中,往往以某一面(或线)作为基准,其他尺寸都以该基准进行定位或画线,这就是基线标注。基线标注需要以事先完成的一个线性标注为基础。

1. 执行途径

(1)"标注"工具栏:单击"基线" 按钮。

(2)菜单栏:单击"标注"/"基线标注"命令。

(3)命令行:输入"DIMBASELINE"并执行。

2. 操作说明

执行"DIMBASELINE"命令后,命令行提示:

(1)指定第二条延伸线原点:选取第二个标注的尺寸界线起点(图 6-27 中拾取 4 点);

(2)指定第二条延伸线原点:指定第三个标注的尺寸界线的起点(图 6-27 中拾取 5 点),继续拾取,直至结束。

(3)指定第二条延伸线原点:指定第四个标注的尺寸界线的起点(图 6-27 中拾取 6 点),继续拾取,直至结束。

标注效果如图 6-27 所示,先用线性标注"505"的尺寸,然后用"基线"标注点 4、点 5、点 6,最后按<Enter>键结束命令。

(四)连续标注

连续标注是首尾相连的多个标注,前一尺寸的第二尺寸界线就是后一尺寸的第一尺寸界线。

1. 执行途径

(1)"标注"工具栏:单击"连续标注" 按钮。

(2)菜单栏:单击"标注"/"连续标注"命令。

（3）命令行：输入"DIMCONTINUE"并执行。

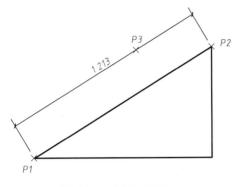

图 6-26　对齐标注效果

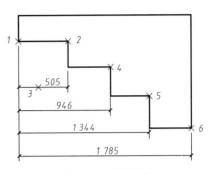

图 6-27　基线标注

2. 操作说明

执行"DIMCONTINUE"命令后，命令行提示与"基线标注"类似，不再赘述。

标注效果如图 6-28 所示。

（五）快速标注

快速标注可以用连续标注的形式将同向尺寸快速标出。

1. 执行途径

（1）"标注"工具栏：单击"标注间距" 按钮。

（2）菜单栏：单击"标注" / "快速标注"命令。

（3）命令行：输入"QDIM"并执行。

2. 操作说明

如图 6-29 所示，执行"快速标往"命令，提示选择要标注的几何图形时选择线 *AB*、线 *CD*、线 *EF*，按<Enter>键后确定尺寸位置。

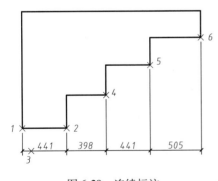

图 6-28　连续标注

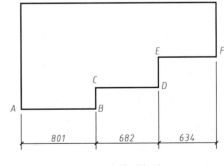

图 6-29　快速标注

（六）等距标注

等距标注命令可以自动调整尺寸线间的间距，或根据指定的间距值进行调整。

1. 执行途径

（1）"标注"工具栏：单击"标注间距" 按钮。

（2）菜单栏：单击"标注" / "标注间距"命令。

（3）命令行：输入"DIMSPACE"并执行。

2. 操作说明

执行"DIMSPACE"命令后，命令行提示：

（1）"选择基准标注"：指定作为基准的尺寸标注。

（2）"选择要产生间距的标注"：指定要控制间距的尺寸标注。

（3）"选择要产生间距的标注"：可以连续选择或按<Enter>键结束选择。

（4）"输入值或［自动（A）］<自动>"：输入间距的数值。默认状态是自动，即按照当前尺寸样式设定的间距。

如图 6-30（a）所示，要调整三个尺寸之间的间距为 8，则执行"等距标注"命令，第一次选择"669"尺寸为基准标注，即这个尺寸保持不动，按<Enter>键后选择另两个尺寸，再次按<Enter>键并输入间距值 8，结果见图 6-30（b）。

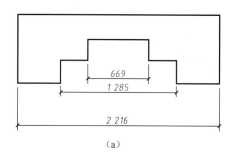 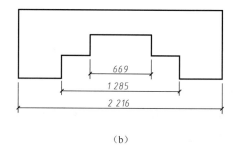

　　　　　　　（a）　　　　　　　　　　　　　　　　　（b）

图 6-30　等距标注

（a）标注间距之前；（b）标注间距之后

二、径向尺寸标注

径向尺寸是工程制图中另一种比较常见的尺寸，常用于回转类形体尺寸的标注，包括标注半径和直径。下面将分别介绍这两种尺寸的标注方法。

（一）半径标注

1. 执行途径

（1）"标注"工具栏：单击"半径" ◎ 按钮。

（2）菜单栏：单击"标注"／"半径标注"命令。

（3）命令行：输入"DIMRADIUS"并执行。

2. 操作说明

执行"DIMRADIUS"命令后，命令行提示：

（1）"选择圆弧或圆"：选择要标注半径的圆或圆弧对象。

（2）"指定尺寸线位置或［多行文字（M）／文字（T）／角度（A）］"：移动光标至合适位置单击，标注效果如图 6-31（a）所示。

（二）直径标注

1. 执行途径

（1）"标注"工具栏：单击"直径" ◎ 按钮。

（2）菜单栏：单击"标注"／"直径标注"命令。

(3)命令行:输入"DIMDIAMETER"并执行。

2. 操作说明

执行"DIMDIAMETER"命令后,命令行提示与半径标注类似,不再赘述,标注效果如图 6-31(b)所示。

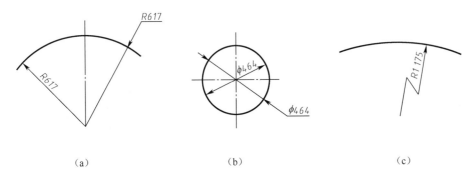

（a）　　　　　　　　　　　（b）　　　　　　　　　　　（c）

图 6-31　径向标注

（a）半径标注;（b）直径标注;（c）折弯半径标注

(三)折弯半径标注

1. 执行途径

(1)"标注"工具栏:单击"折弯" 按钮。

(2)菜单栏:单击"标注"／"折弯标注"命令。

(3)命令行:输入"DIMJOGGED"并执行。

2. 操作说明

执行"DIMJOGGED"命令后,命令行提示:

(1)"选择圆弧或圆":选择要标注半径的圆或圆弧对象。

(2)"指定图示中心位置":指定标注的新中心点,替代圆或圆弧的实际中心点。

(3)"指定尺寸线位置或［ 多行文字(M)／ 文字(T)／ 角度(A)]":鼠标确定尺寸线的位置。

(4)"指定折弯位置":鼠标确定折弯的位置,标注效果如图 6-31(c)所示。

三、角度标注

角度尺寸标注用于标注两条直线或 3 个点之间的角度。要测量圆的两条半径之间的角度,可以选中此圆,然后指定角度端点。对于其他对象,则需要先选中对象,然后指定标注位置。

1. 执行途径

(1)"标注"工具栏:单击"角度标注" 按钮。

(2)菜单栏:单击"标注"／"角度"命令。

(3)命令行:输入"DIMANGULAR"并执行。

2. 操作说明

执行"DIMANGULAR"命令后,命令行提示:

(1)"选择圆弧、圆、直线或<指定顶点>":选择标注角度尺寸对象,圆弧或者是圆或者是直线,按<Enter>键后选择点。

(2)"指定标注弧线位置或 ［ 多行文字(M)／ 文字(T)／ 角度(A)］":移动光标至合适位置单击。

各种角度标注如图 6-32 所示。

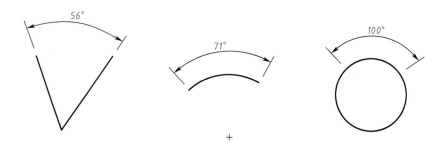

图 6-32　各种角度标注

四、多重引线标注

1. 执行途径

(1)如图 6-33 所示,单击"多重引线"工具栏 ✐ 按钮。

图 6-33　多重引线工具栏

(2)菜单栏:单击"标注"／"多重引线"命令。

(3)命令行:输入"MLEADER"并执行。

2. 操作说明

执行"MLEADER"命令后,命令行提示"指定引线箭头的位置或[引线基线优先(L)／内容优先(C)／选项(O)]<选项>":直接单击确定引线箭头的位置,然后在打开的文字输入窗口中输入注释内容即可。图6-34 为单击墙身基础垫层作为指引箭头的位置,输入内容为"混凝土垫层"时的引线标注。

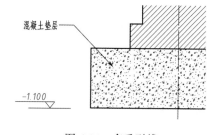

图 6-34　多重引线

当用户对目前默认的引线标注样式不满意时,可以进行修改,或者建立自己需要的引线标注样式。这些操作都可以通过单击"多重引线"工具栏 ✐ 按钮调出"多重引线样式管理器"来实现。

五、折断标注

标注过程有时会出现尺寸界线或尺寸线之间相交的情况,如图 6-35(a)所示,这会使标注显得较乱,为了使标注更加清晰,层次分明,可以采用折断标注。

1. 执行途径

(1)"标注"工具栏:单击"折断标注" 按钮。

(2)菜单栏:单击"标注"／"折断标注"命令。

（3）命令行：输入"DIMBREAK"并执行。

2. 操作说明

执行"DIMBREAK"命令后,命令行提示：

（1）"选择标注或［多个(M)］"：选择一个或多个要被打断的标注。

（2）"选择要打断标注的对象或［自动(A)／恢复(R)／手动(M)］<自动>"：选择要保留的对象。

（3）"选择要打断标注的对象"：继续选择或按<Enter>键结束选择。

图6-35(b)是先选择横向尺寸505和436作为被打断的标注,然后选择竖向最下方的尺寸367作为要打断标注的保留对象的结果。

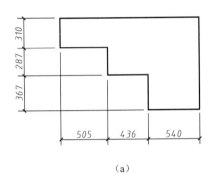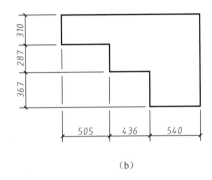

（a）　　　　　　　　　　　　　　　　　（b）

图6-35　折断标注

六、折弯线性标注

1. 执行途径

（1）"标注"工具栏：单击"折弯线性"按钮。

（2）菜单栏：单击"标注"／"折弯线性"命令。

（3）命令行：输入"DIMJOGLINE"并执行。

2. 操作说明

执行"DIMJOGLINE"命令后,命令行提示：

（1）"选择要添加折弯的标注或［删除(R)］"：选择要添加折弯的标注或者输入"R"选择要删除的折弯标注。

（2）"指定折弯位置(或按<ENTER>键)"：指定折弯位置或按<Enter>键默认折弯位置。

图6-36是折弯线性标注的效果。

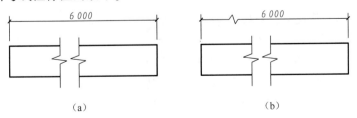

（a）　　　　　　　　　　　（b）

图6-36　折弯线性标注效果

（a）添加折弯线性标注前；（b）添加折弯线性标注后

知识点四　编辑尺寸标注

编辑尺寸标注包括旋转现有文字或用新文字替换现有文字,将文字移动到新位置或返回其初始位置,还可以将标注文字沿尺寸线移动到左、右、中心或尺寸界线之内或之外的任意位置。

一、编辑标注

编辑标注命令用来修改已有尺寸标注的文本内容和文本放置方向。

1. 执行途径

(1)"标注"工具栏:单击"编辑标注"按钮。

(2)命令行:输入"DIMEDIT"并执行。

2. 操作说明

执行"DIMEDIT"命令后,命令行提示"输入标注类型[默认(H)/ 新建(N)/ 旋转(R)/ 倾斜(O)]<默认>"。

各选项含义如下。

(1)"默认"(H):用于将尺寸文本按默认位置方向重新置放。

(2)"新建"(N):用于更新所选择的尺寸标注的尺寸文本。

(3)"旋转"(R):用于旋转所选择的尺寸文本。

(4)"倾斜"(O):用于倾斜标注,即编辑线性尺寸标注,使其尺寸界线倾斜一个角度,不再与尺寸线相垂直,常用于标注锥形图形。

常用的替换尺寸数字的方法是,双击尺寸数字,在弹出的文字编辑器里直接进行修改。

二、编辑标注文字

编辑标注文字命令用来进行修改已有尺寸标注的放置位置。

1. 执行途径

(1)"标注"工具栏:单击"编辑标注文字"按钮。

(2)命令行:输入"DIMTEDIT"并执行。

2. 操作说明

执行"DIMTEDIT"命令后,命令行提示:

(1)"选择标注":选定要修改位置的尺寸;

(2)"指定标注文字的新位置或[左(L)/ 右(R)/ 中心(C)/ 默认(H)/ 角度(A)]":(输入选项)。

①"左"(L):用于将尺寸文本按尺寸线左端置放。

②"右"(R):用于将尺寸文本按尺寸线右端置放。

③"中心"(C):用于将尺寸文本按尺寸线中心置放。

④"默认"(H):用于将尺寸文本按默认位置置放。

⑤"角度"(A):用于将尺寸文本按一定角度置放。

三、尺寸标注更新

标注更新命令用来进行替换所选择的尺寸标注的样式。

1. 执行途径

（1）"标注"工具栏：单击"标注更新" 按钮。

（2）命令行：输入"DIMSTYLE"并执行。

2. 操作说明

在执行"DIMSTYLE"命令前，先将需要的尺寸样式设为当前的样式。

执行"DIMSTYLE"命令后，命令行提示：

（1）"选择对象"：选择要修改样式的尺寸标注。

（2）按<Enter>键后命令结束，所选择的尺寸样式变为当前的样式。

任务训练一　给图形标注尺寸

对图形 4-15~4-21 进行尺寸标注。

任务训练二　绘图并标注尺寸

绘制如图 6-37 所示的铁路路徽并标注尺寸。

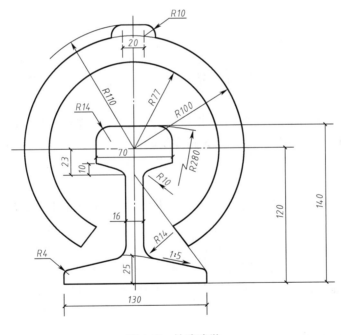

图 6-37　铁路路徽

项目七 图 块

学习目标

通过对本项目的学习,应掌握创建图块及插入图块的基本方法,并能够对图块添加属性。

知识点一 图块的用途和性质

一、图块的用途

图块(简称块)是把一组图形或文本作为一个实体的总称。绘图过程中,可以把重复绘制的图形创建成图块,通过创建图块属性、名称、用途等信息,可大大提高绘图效率。图块的具体用途如下。

1. 便于图形的修改

绘制好的工程图纸有时要进行修改,如果对所有图形逐个修改就要花较多时间。利用图块的一致性,所插入的相同图块可一起修改,这样便节省了逐个修改的时间。

2. 节省磁盘空间

当一组图形在图中重复出现时,会占据较多的磁盘空间,若把这组图形定义成图块并存入磁盘,则每次插入时 AutoCAD 2014 仅需记住图块的插入点坐标、块名、比例和转角,从而起到节省磁盘空间的作用。

3. 建立图形库

把经常使用的图形定义成图块,并建立一个图库。当绘图时,可以将图块从图库中调出使用,避免重复性的工作。

4. 定义属性

若要在图块中加入一些文本信息,这些文本信息可以在每次插入块时改变,并且可以像普通文本那样显示或隐藏起来,这样的文本信息被称为属性。用户还可以从图块中提取属性值并为其他数据库提供资源。

二、图块的性质

1. 图块的嵌套

图块可以嵌套,即一个图块中可以包含其他图块,且可以多层嵌套,系统对每个图块的嵌套层数没有限制。

2. 图块与图层、线型、颜色的关系

(1)可以把不同图层上颜色和线型各不相同的对象定义为图块。可以在图块中保持对象的图层、颜色和线型信息。每次插入图块时,图块中每个对象的图层、颜色和线型的属性将不会变化。

（2）如果图块的组成对象在系统默认的 0 图层并且对象的颜色和线型设置为随层，当把此图块插入到当前图层时，AutoCAD 2014 将指定该图块的颜色和线型与当前图层的特性一样。

（3）在建筑图中，将标高符号、轴线编号及门窗等常做成图块，建成图库，方便使用及交流。在工程图中插入了一系列的图块，只要修改图块的源文件，工程图也随之修改，这就是 AutoCAD 2014 提供的图库修改的一致性。

知识点二 创 建 图 块

一、创建图块（内部块）

在创建图块之前，先绘制图形，然后将绘制的图形对象定义成图块。

1. 执行途径

（1）"绘图"工具栏：单击"创建块" 按钮。

（2）菜单栏：单击"绘图"/"块"/"创建"命令。

（3）命令行：输入"BLOCK"并执行（快捷命令"B"）。

2. 操作说明

执行"BLOCK"命令后，弹出一个"块定义"对话框，如图 7-1 所示。

图 7-1 "块定义"对话框

（1）"块定义"对话框简介

在"块定义"对话框中，用户需要设置"名称"下拉列表框、"基点"选项组、"对象"选项组，其他选项采用默认设置即可。

①"名称"下拉列表框：用于输入当前要创建的图块名称。

②"基点"选项组：用于确定插入点的位置。此处定义的插入点是该图块将来插入的基准点，也是图块在插入过程中旋转或缩放的基点。用户还可以通过在"X""Y""Z"文本框中直接

输入坐标值确定插入点,最常用的方法是单击"拾取点" 按钮,切换到绘图区在图形中用对象捕捉直接指定。

③"对象"选项组:用于指定定义成图块的对象。选中"保留"单选按钮,表示创建图块以后,所选对象依然保留在图形中,不转换为图块;选中"转换为块"单选按钮,表示创建图块以后,所选对象转换成图块格式,同时保留在图形中;选中"删除"单选按钮,表示创建图块以后,所选对象从图形中删除。用户可以通过单击"选择对象" 按钮,切换到绘图区选择要创建为图块的图形实体。

④"设置"选项组:包括"块单位"和"超链接"。"块单位"下拉列表框用于指定从AutoCAD 2014 设计中心拖动图块时,用以缩放图块的单位。例如,设置拖放单位为"毫米",而被拖放到的图形单位设置为"米",则图块将缩小 1 000 倍被拖放到该图形中。通常选择"毫米"选项。"超链接"的设置可使用户浏览其他文件或者访问 Web 网站,单击"超链接"按钮后,系统弹出"插入超链接"对话框。

(2)创建图块步骤

①在"名称"下拉列表框中输入块名。

②在"基点"选项组中单击"拾取点"按钮。

③选择插入基点。

④在"对象"选项组中单击"选择对象"按钮。

⑤利用框选选择要定义成块的对象。

⑥单击"确定"按钮,即可将所选对象定义成块。

二、创建并保存图块(外部块)

执行 WBLOCK 命令可以直接创建并保存图块,也可保存已定义的图块。执行该命令,即将当前指定的图形或用 BLOCK 命令定义过的图块作为一个独立的图块文件存盘,可以在不同的 CAD 文件中调用插入该图块文件。

1. 执行途径

命令行:输入"WBLOCK"并执行(快捷命令:W)。

2. 操作说明

执行 WBLOCK 命令后,弹出一个"写块"对话框,如图 7-2 所示。

该对话框各个选项组的功能如下:

(1)"源"选项组:用于指定存储图块的对象及图块的基点。

①选择"块"单选按钮,用户可以通过此下拉框选择一个名称将图块进行保存。保存图块的基点不变。

②选择"整个图形"单选按钮,可以将整个图形作为图块进行存储。

③选择"对象"单选按钮,可以将用户选择的对象作为图块进行存储。

其他选项和"块定义"相同。

(2)"目标"选项组:用于设置保存图块的名称、路径以及插入的单位。

①"文件名和路径"下拉列表框用于指定保存块的文件名和保存路径。

②"插入单位"下拉列表框用于选择从 AutoCAD 设计中心拖动图块时,用以缩放图块的单位,单击"确定"按钮,完成图块的保存。插入单位一般是毫米。

图 7-2 "写块"对话框

【应用示例】将图 7-3 所示图形定义为外部块,名称为 "标高符号"。

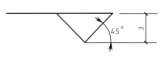

图 7-3 标高符号

操作步骤:

(1)首先根据尺寸绘制如图 7-3 所示的标高符号(不标尺寸),然后执行 WBLOCK 命令,弹出图 7-2"写块"对话框。

(2)对话框中,将"源"选项设为"对象",单击"拾取点"按钮 ,用对象捕捉标高符号的三角形下尖点作为基点;单击"对象"选区的"选择对象"按钮,用拾取框选择标高图形的三条直线,结束后返回"写块"对话框,选中"转换为块"复选项;在"文件名和路径"中设置好要保存的路径,并给定名称"标高符号","插入单位"选择"毫米",选项如图 7-2 所示。

(3)单击确定完成标高符号块的创建。

特别提示:一定要注意基点的选取,如果不选取基点,系统默认(0,0,0)点作为基点。

知识点三 插 入 图 块

可以使用 DDINSERT 或 INSERT 命令将已定义过的图块或整个图形插入到当前图形中,插入时,需指定插入点、缩放比例和旋转角。当把整个图形插入到另一个图形时,AutoCAD 2014 会将插入图形当作图块引用处理。

1. 执行途径

(1)"绘图"工具栏:单击"插入块"按钮。

(2)命令行:输入"INSERT"并执行(快捷命令"I")。

2. 操作说明

执行 INSERT 命令后,弹出一个"插入"对话框,如图 7-4 所示。

(1)"插入"对话框简介

"插入"对话框包括"名称"下拉列表框、"插入点"选项组、"比例"选项组和"旋转"选项

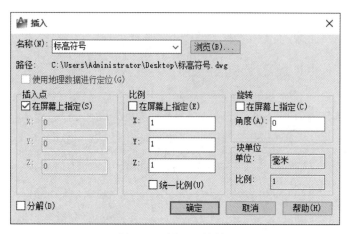

图 7-4　"插入"对话框

组,设置相应的参数就可以插入图块。

①"名称"下拉列表框:用于选择已定义的图块。也可单击"浏览"按钮,选择保存的图块。

②"插入点"选项组:用于指定图块的插入位置,通常选中"在屏幕上指定"复选按钮,鼠标配合"对象捕捉"指定插入点。

③"比例"选项组:用于设置图块插入后的比例。选中"在屏幕上指定"复选按钮,则可以在命令行中指定缩放比例,用户也可以直接在"X"文本框、"Y"文本框和"Z"文本框中输入数值,以指定各个方向上的缩放比例。"统一比例"复选按钮用于设定图块在 X、Y、Z 方向上的缩放是否一致。应注意的是,X、Y 方向比例因子的正负将影响图块插入的效果。

④"旋转"选项组:用于设定图块插入后的角度。选中"在屏幕上指定"复选按钮,则可以在命令行中指定旋转角度;用户也可以直接在"角度"文本框中输入数值直接指定旋转角度。

⑤无论图块多么复杂,它都被 AutoCAD 2014 视为单个对象。想要对插入的图块进行修改,则必须先用"分解"命令将其分解。假如用户想在插入图块后使其自动分解,可在图 7-3 所示的对话框中选择"分解"复选按钮。

(2)"插入"图块的步骤

①单击"插入块"按钮,弹出图 7-4 所示对话框。

②从该对话框中单击"浏览"按钮选择要插入的图块文件。

③调整"比例"和"旋转"选项组,单击"确定"按钮。

④在屏幕上单击需要插入图块的点,图块插入操作完成。

知识点四　修 改 图 块

一、修改外部图块(用 WBLOCK 命令创建的图块)

要修改已保存的外部图块,可打开该图块源文件,修改后以原来的名称保存,然后再执行一次"插入"命令,即在图 7-4 所示的"插入"对话框中,重新"浏览"按钮,选择修改后的块文件,单击"确定"按钮,系统弹出图 7-5 所示的"块-重定义"对话框,单击"重定义"按钮,则已插入的所有的图块都将重新定义。

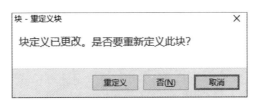

图7-5 "块重新定义"对话框

二、修改内部块(用 BLOCK 命令创建的块)

和修改外部块一样,要修改未保存的内部图块,也应先打开其源文件修改,然后以同样的图块名再重新定义一次。重新定义后,系统将立即修改所有已插入的图块。

当图中已插入多个相同的图块,而且只需要修改其中一个时,切记不要重定义块,此时应用"分解"命令将这单个的图块分解,然后再进行修改。

知识点五　定义带有属性的图块

一、属性的概念

属性是将数据附着到块上的标签或标记,它是一种特殊的文本对象,可包含用户所需要的各种信息。图块属性常用于形式相同,而文字内容需要变化的情况,如图样中的轴线编号、钢筋编号、标高符号等,用户可将它们创建为带有属性的图块,使用时可按照需要制定文字内容。当插入图块时,系统将显示或提示输入属性数据。

图块的属性包括属性标记和属性值两方面内容。属性标记就是指一个具体的项目,属性值是指项目的具体情况。

二、定义图块的属性

在定义图块前,要先定义其属性。定义属性后,该属性以其标记名在图形中显示出来,并保存有关的信息。属性标记要放置在图形中合适的位置。

1. 执行途径

(1)菜单栏:单击"绘图"/"块"/"定义属性"命令。

(2)命令行:输入"ATTDEF"并执行(快捷命令"ATT")。

2. 操作说明

执行"ATTDEF"命令后,弹出一个"属性定义"对话框,如图7-6所示。

"属性定义"对话框中各项的含义如下。

(1)"模式"选项组:用于设置属性模式。"不可见"复选按钮用于控制插入图块,并输入属性值后,属性值是否在图中显示;"固定"复选按钮用于控制属性值是否为一个常量;"验证"复选按钮用于控制是否提示输入两次属性值,以便验证属性值是否正确;"预设"复选按钮用于控制插入图块时是否以默认的属性值插入;"锁定位置"复选按钮用于锁定块参照中属性的位置;"多行"复选按钮用于指定属性值可以包含多行文字,指定属性的边界宽度。

(2)"属性"选项组:用于设置属性的一些参数。"标记"文本框用于输入显示标记;"提

图 7-6　"属性定义"对话框

示"文本框用于输入提示信息,如提醒用户指定属性值;"默认"文本框用于输入默认的属性值。

（3）"插入点"选项组:用于指定图块属性的显示位置。勾选"在屏幕上指定"复选按钮,则以在绘图区指定插入点,用户也可以直接在"X""Y""Z"文本框中输入坐标值来确定插入点。本书建议采用勾选"在屏幕上指定"复选按钮的方式。

（4）"文字选项"选项组:用于设定属性值的基本参数。"对正"下拉列表框用于设定属性值的对齐方式;"文字样式"下拉列表框用于设定属性值的文字样式;"高度"文本框用于设定属性值的高度;"旋转"文本框用于设定属性值的旋转角度。

通过"属性定义"对话框,可以定义一个属性,但是并不能指定该属性属于哪个图块,因此用户必须通过"创建块"命令将图块和定义的属性重新定义为一个新的图块。

3. 创建带属性图块的步骤

（1）画块图。

（2）定义属性,对所画图形添加块属性。

（3）用 WBLOCK 命令创建块(快捷命令"W")。

（4）插入属性块。插入块时系统会在命令行提示"属性定义"对话框中"提示"的信息"请输入标高值",如图 7-7 所示。默认值就是"属性定义"对话框中"默认"中的"0.000",此时如果输入"10.000"则插入块的显示如图 7-8 所示。

4. 修改属性块

（1）属性值可以修改,修改的方法是双击插入的属性块,弹出"增强属性编辑器"对话框,如图 7-9 所示。在该对话框中可以对属性值、文字及特性进行修改。

（2）一个块可以创建多个不同的属性。

（3）使用"分解"命令将带属性的块分解后,块中的属性值还原为属性定义。

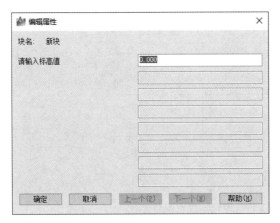

图 7-7 "编辑属性"对话框

图 7-8 属性块的插入

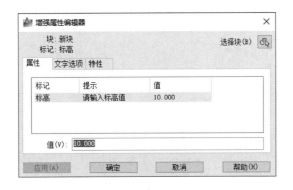

图 7-9 "增强属性编辑器"对话框

任务训练一 创建图块并保存

将图 7-10 所示图形定义为外部块,名称为"标高符号"。

图 7-10 标高符号

任务训练二 属性块的创建和插入

创建并插入图 7-11 中定位轴线号。

提示:可以创建两个属性块,一个是轴线 1、2、3 用,基点选择圆的最上象限点;另一个是轴线 A、B、C、D 用,基点选择圆的最右象限点。

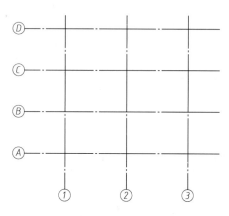

图 7-11　定位轴线及编号

项目八　图形的布局与打印输出

 学习目标

通过对本项目的学习,应能够在模型空间打印出图,也可以根据需要在布局窗口创建和修改布局,并会对各种图形在图纸空间进行多比例出图。

绘制好的图样需要打印出来进行报批、存档、交流、指导施工,所以绘图的最后一步是打印图形。前面的绘制工作都是在模型空间中完成的,我们可以直接在模型空间中进行打印,但是如果要进行多比例打印时,利用模型空间打印会不太方便。所以 AutoCAD 2014 还提供了图纸空间,即可以在一张图纸上输出图形的多个视图,添加文字说明、标题栏和图纸边框等。图纸空间完全模拟了图纸页面,用于安排图形的输出布局。本项目主要讲述怎样在模型空间出图,怎样设置布局、利用布局进行打印等。

知识点一　模型空间打印

模型空间主要用于建模,前面项目讲述的绘图、修改、标注等操作都是在模型空间完成的。模型空间是一个没有界限的三维空间,用户可以在这个空间中以任意尺寸绘制图形。通常按照 1:1 的比例,以实际尺寸绘制实体。

如果要打印的图形只使用一个比例,则该比例既可以预先设置,也可以在出图时修改。在出图时设置比例这种方式适用于大多数建筑施工图的设计与出图,如果整张图形使用同一个比例,即单比例布图,则可以直接在模型空间出图打印。

以图 8-1 所示的建筑平面图按 1:100 出图为例讲解模型空间打印的步骤。

一、确定图形比例

有两种方法设置绘制图形的比例,一种是绘图之前设置,另一种是在出图时设置。我们在绘制该图形时一般采用 1:1 的比例,这就需要在出图之前设置比例。经过计算,该图形如果以 1:100 的比例出图,打印在一张 A3 图纸上比较合适。

二、设置打印参数

执行"文件"/"打印"命令或点击"标准"工具栏中的"打印" 🖨 按钮,弹出"打印-模型"对话框,如图 8-2 所示。按图设置后就可以将图 8-1 按 1:100 的比例打印出来。

"打印-模型"对话框简介如下。

1."页面设置"选项组

在"页面设置"选项组中的"名称"下拉列表框中可以选择所要应用的页面设置名称,也可

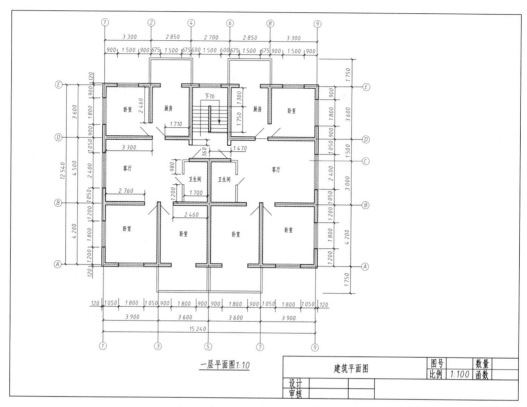

图 8-1 需要打印的图样

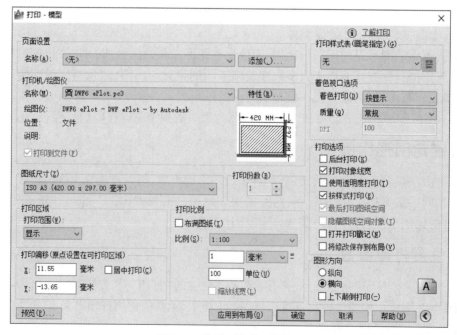

图 8-2 "打印-模型"对话框

以单击"添加"按钮添加其他的页面设置,如果没有进行页面设置,可以选择"无"选项。

2. "打印机绘图仪"选项组

在"打印机绘图仪"选项组中的"名称"下拉列表框中可以选择要使用的绘图仪。勾选"打印到文件"复选按钮,则图形输出到文件后再打印,而不是直接从绘图仪或者打印机打印。

3. "图纸尺寸"选项组

在"图纸尺寸"选项组的下拉列表框中可以选择合适的图纸幅面,视窗可以预览图纸幅面的大小。

4. "打印区域"选项组

在"打印区域"选项组中,可以通过以下4种方法来确定打印范围。

(1)"图形界限"选项表示将打印指定图纸尺寸的页边距内的所有内容,其原点从布局中的(0,0)点计算得出。从模型空间打印时,将打印图形界限定义的整个图形区域。

(2)"显示"选项表示打印选定的是模型空间当前视口中的视图或布局中的当前图纸空间视图。

(3)"窗口"选项表示打印指定的图形的任何部分,这是直接在模型空间打印图形时最常用的方法。选择"窗口"选项后,命令行会提示用户在绘图区指定打印区域。

(4)"范围"选项用于打印图形的当前空间部分(该部分包含对象),当前空间内的所有几何图形都将被打印。

5. "打印比例"选项组

在"打印比例"选项组中,当勾选"布满图纸"复选按钮后,其他选项显示为灰色,不能更改。取消勾选"布满图纸"复选按钮后,用户可以对比例进行设置。

6. "⊙按钮"

单击⊙按钮,可展开更多选项组,其中"图形方向"选项组的"横向"和"纵向"单选按钮最常用。

知识点二　布局空间打印

用户用于绘图的空间一般都是模型空间,因此在默认情况下 AutoCAD 2014 显示的窗口是模型窗口。在绘图窗口的左下角显示"模型"和"布局"窗口的选项卡按钮,单击"布局1"或"布局2"可进入图纸空间(即布局空间)。

一般在模型空间绘制完图形后,需要输出到图纸上。为了让用户方便地为一种图纸输出方式设置打印设备、纸张、比例、图纸视图布置等,AutoCAD 2014 提供了一个用于进行图纸设置的图纸空间。利用图纸空间还可以预览到真实的图纸输出效果。由于图纸空间是纸张的模拟,所以是二维的。同时,图纸空间由于受选择幅面的限制,所以是有界限的。在图纸空间还可以设置比例,实现图形从模型空间到图纸空间的转化。

布局是一个图纸空间环境,它模拟一张图纸并提供打印预设置。可以在一张图形中创建多个布局,每个布局都可以模拟显示图形打印在图纸上的效果,如图 8-3 所示。

单击绘图窗口底部两个布局选项按钮("布局1"和"布局2")中的任一个,AutoCAD 2014 自动进入图纸空间环境,在布局窗口中有三个矩形框,最外面的矩形框代表是在页面设置中指定的图纸尺寸,虚线矩形框代表的是图纸的可打印区域,最里面的矩形框是一个浮动视口。

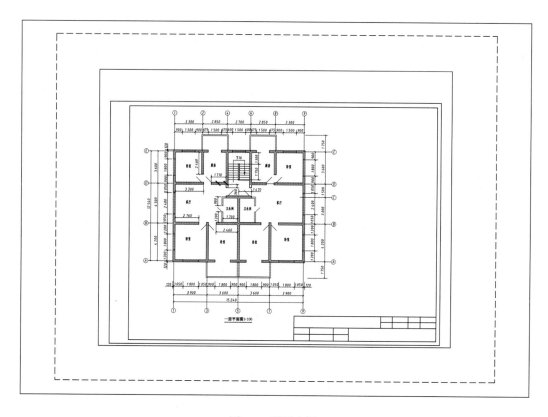

图 8-3　图纸空间

一、创建布局

当默认状态下的两个布局不能满足需要时,可创建新的布局。创建新布局常用的方法是单击菜单栏中的"插入"/"布局"/"新建布局"。

二、管理布局

右击"布局"按钮,弹出快捷菜单,可以进行新建布局、删除布局等操作,如图 8-4 所示。选择"页面设置管理器",弹出对话框如图 8-5 所示。选中"布局 1"单击"修改"按钮弹出图 8-6 所示的对话框,在对话框中可以对布局 1 进行修改设置。

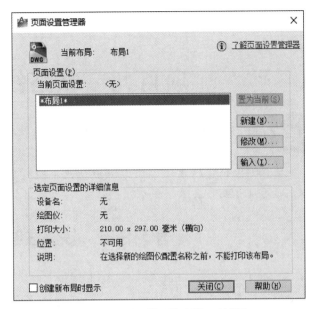

图 8-4　"布局"快捷菜单　　　　　　　　　　图 8-5　"页面设置管理器"对话框

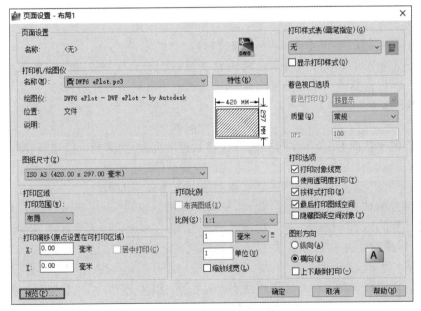

图 8-6　"页面设置-布局 1"对话框

项目九 铁路线路工程图

 学习目标

通过对本项目的学习,应了解铁路线路平面图、纵断面图、横断面图的内容及特点,掌握图样的识读方法和步骤。

学习任务 铁路线路工程图识读

工作任务:

阅读铁路线路工程图的相关资料,整理学习笔记。查询收集有关铁路线路工程的信息,以小组为单位制作4~6片PPT,并进行小组学习汇报。

任务引导:

(1)从查询的相关资料中提取关键词,认识专业术语,了解铁路线路工程图的图样组成、图样内容及表达方法。

(2)书写学习笔记,要求字迹工整,条理清晰。

(3)以小组为单位(6~7人)将学习的内容整理制作成PPT,题目自定,要求内容准确、图文并茂、版面美观,最后派代表进行学习汇报。过程中要制定工作计划,做到分工合作,从而提高成效,提升个人素质。

铁路是修筑于地面上,供火车行驶的带状的工程建筑物,铁路的位置和组成与所在地区的地形、地物以及地质有很密切的关系。铁路线路的线型俯瞰是由直线段和曲线段组成,纵看是由平坡和上、下坡组成。所以,铁路线路实质上是一条空间曲折线。

铁路线路工程具有组成复杂,长、宽、高三向尺寸相差悬殊,形状受地形影响大的特点,因此铁路线路工程的图示方法与一般工程图样不尽相同,它以地形图为平面图、以纵向展开断面图为立面图、以横断面图为侧面图,并且大都各自画在单独的图纸上。

铁路线路工程图包括线路平面图、线路纵断面图和路基横断面图,它们是铁路设计的基本文件,在各个设计阶段都有编制要求不同、用途不同的平面图和纵、横断面图,其比例尺、项目内容和详细程度均不相同。绘制时,应遵照《铁路工程制图标准》(TB/T 10058—2015)中的有关规定。

知识点一 线路平面图

线路平面图是在大比例带状地形图上,设计出线路平面和标出有关资料的平面图,其作用是表达线路的方向、平面线形、沿线两侧一定范围内的地形、地物情况以及各种构筑物的类型和平面位置,将铁路线路中心线用粗实线画在地形图上来表示设计线路的水平状况及长度里程,地形用等高线来表示,地物用图例来表示。图9-1为某铁路从里程K249+600至K250+500

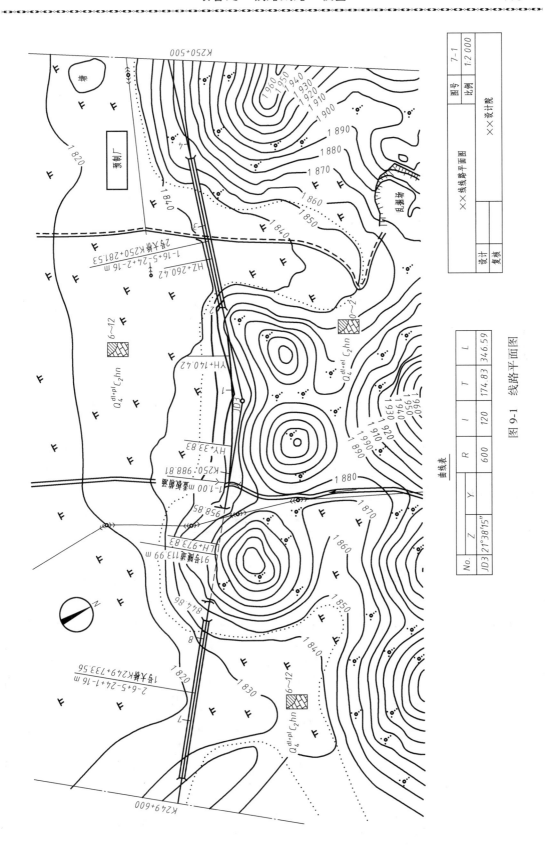

图 9-1　线路平面图

曲线表

No.	Z	Y	R	l	T	L
JD3	21°38'15"		600	120	174.83	346.59

段的线路平面图,下面以此图为例对本知识点进行讲解。

一、线路平面图的图示内容

1. 地形部分

(1)比例

线路平面图一般采用小比例绘制,如山岭区通常采用 1：2 000,丘陵和平原区通常采用 1：1 000 或 1：10 000。本图采用比例为 1：2 000。

(2)方向

为了确定地区的方位和线路走向,在线路平面图上应画出指北针或测量坐标网格(见图 10-2)。坐标网格采用细实线绘制,南北方向格线代号为"N",东西方向格线代号为"E",坐标值的标注应靠近被标注点,书写方向应平行于网格,数值前应标注坐标格线代号。指北针为细实线圆,尖部指向北方,尾宽为圆直径(ϕ24)的 1/8。

(3)地形

地形的起伏变化及其变化程度是用等高线表示的。每隔四条等高线画出一条粗的等高线,并标有相应的高程数字,其字头朝向上坡,称为计曲线。等高线愈密表示地势愈陡,反之则表示地势愈平坦。本图中只画出计曲线,每两条计曲线之间的高程差为 10 m。根据图中等高线的疏密可知,该路段为山岭区,线路右侧是高山,左侧地势比较平缓。

(4)地貌地物

在平面图中的地貌地物,如河流、道路、桥梁、隧道、房屋和地面植被等,都是需要按规定图例绘制的,常见的地形图图例见表 9-1。对照图例可知,该路段有两座桥梁,一座遂道,一孔涵洞。在图左侧,有一条高压电力线,山谷间有一条自北向南的小溪。图的右侧从乱掘场至南有一公路(大车路),公路右侧有一预制厂和一水塘。预制厂旁边有一高压电力线。在地势较高的山坡上有灌木林,地势较低处为旱地。

表 9-1 常见的地形图图例

名称	图例	名称	图例	名称	图例
房屋	 □ ▨	涵洞	 >‐‐<	水稻	 ↓ ↓ ↓ ↓
大车路	 =====	隧道	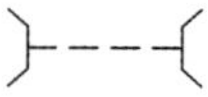 >‐‐<	旱地	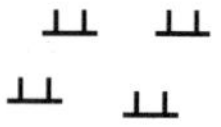 ⊥⊥ ⊥⊥ ⊥⊥ ⊥⊥
小路	 -----	高压电力线 低压电力线	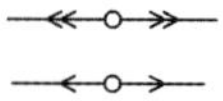 ←«‐o‐»→ ←‐o‐→	菜地	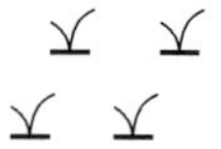 Y Y Y Y
水塘	 塘	沙滩	 ▨	果树	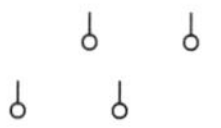 ♀ ♀ ♀ ♀
河流	 ～～	地类界线	 ··········	森林	 ○ ○ ○ ○
桥梁	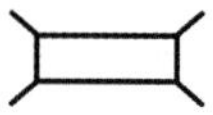 ⊏⊐	草地	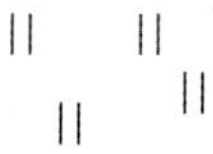 ‖ ‖ ‖ ‖	灌木林	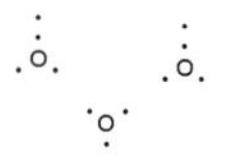 ⦂⦂ ⦂⦂

（5）地质情况

根据图中的地类界线及地质柱状图可知沿线的地质情况。常见地质图例见表9-2。

表9-2　常见地质图例

名　称	图　例	名　称	图　例
黏土		卵石	
砂黏土		块石	
黏砂土		砂岩	
粉、细、中、粗砾大石		石灰岩	
圆砾石土壤		泥灰岩	
角砾石土壤		花岗岩	

2. 线路部分

（1）设计线路

由于平面图采用比例较小，铁路宽度相对于长度来说尺寸小得多，因此采用单线画法，即沿线路中心线画出一条粗实线或粗虚线（穿越隧道时）表示设计线路。

（2）里程桩

线路的总长度和各段之间的长度用里程桩号表示。里程桩号应从线路的起点至终点依次编号，里程桩用垂直于线路的细实线表示，数字注写在短线的端部，字头朝向里程数小的一侧。

（3）平曲线

线路在平面上由直线段和曲线段组成，在线路的转折处要标注线路转折的顺序编号，即交角点编号，转折处还需设有平曲线。如图9-2所示，在图中应标注出曲线要素：JD（交角点）编

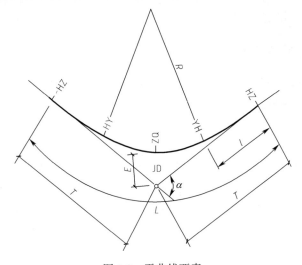

图9-2　平曲线要素

号、ZH(直缓点)、HY(缓圆点)、YH(圆缓点)、HZ(缓直点)、R(圆曲线半径)、l(缓和曲线长度)、T(切线长度)、L(曲线总长)、α(偏转角度,α_Z 左偏角,α_Y 右偏角)、E(外矢距)。

3. 构筑物和控制点

在线路平面图上还须标示出铁路沿线的构筑物和控制点,如桥梁、隧道、涵洞、通道、立交和水准点等。

通过读图可知,这段铁路从 K249+600 处开始,从东南方地势较低处引来,经过 1 号大桥、1 号隧道和涵洞,在 JD3 处向左转折,$\alpha_Z = 21°38'15''$,曲线半径 $R=600$ m,经 2 号大桥向西延伸。

二、线路平面图的识读

下面以图 9-1 为例,介绍线路平面图的识读步骤。

1. 读标题栏及说明

了解图名、图号、绘图比例、桩号范围等内容。

2. 了解地形地物情况

根据平面图图例及等高线的特点,了解该图样反映的地形地物状况、地面各控制点高程、线路周围建筑物情况及性质、线路周围地质情况等。

3. 了解线路设计情况

(1)根据指北针或测量坐标网格了解线路方位及走向。

(2)了解此路段起始里程、线路里程桩号,线路上所修筑桥梁、涵洞、隧道的类型及位置。

(3)对照曲线表,掌握当页线路平面图中各曲线的要素。

(4)结合线路纵断面图了解线路的填挖工程量。

知识点二　线路纵断面图

线路纵断面图是用假想的铅垂面沿铁路中心线纵向剖切,然后展开绘制的。由于铁路线路是由直线段和曲线段所组成,所以纵向剖切面既包含有平面又包含有柱面。为了清楚地表达线路的纵断面情况,采用展开的方法将纵断面展开成一平面,然后进行投影,便得到了线路纵断面图。线路纵断面图包含图样、纵断面栏和主要技术标准 3 部分内容,主要表达线路的纵向设计线型及沿线地面的高低起伏情况。

一、线路纵断面图的图示内容

线路纵断面图的水平方向表示线路的长度,竖直方向表示高程。图 9-3 为某铁路从 K249+400 至 K250+500 段的纵断面图。

1. 图样

(1)比例

纵断面图的水平方向表示线路里程,竖直方向表示设计线和地面的高程。由于线路的高程差比线路的长度尺寸小得多,为了明显地反映出线路方向地形起伏变化的情况,绘图时竖直方向所用比例是水平方向比例的 10 倍。本图水平方向比例采用 1∶10 000,竖直方向比例采用 1∶1 000。

(2)设计线和地面线

在纵断面图中,设计线表示铁路中心线处的轨面设计高程,用粗实线绘制。图样中不规则

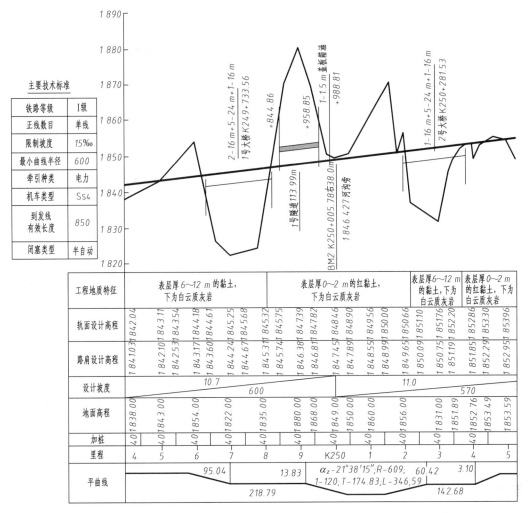

主要技术标准

铁路等级	I级
正线数目	单线
限制坡度	15‰
最小曲线半径	600
牵引种类	电力
机车类型	SS4
到发线有效长度	850
闭塞类型	半自动

图中竖直引出线标注：2-16 m+5-24 m+1-16 m 1号大桥K249+733.56；1号隧道113.99 m；+844.86；+958.85；1-1.5 m盖板箱涵 +988.81；BM2 K250+005.78右38.0 m；1846.4 27 河沟旁；1-16 m+5-24 m+1-16 m 2号大桥K250+281.53

工程地质特征	表层厚6~12 m的黏土，下为白云质灰岩						表层厚0~2 m的红黏土，下为白云质灰岩							表层厚6~12 m的黏土，下为白云质灰岩		表层厚0~2 m的红黏土，下为白云质灰岩	
轨面设计高程	1842.04	1843.11	1843.54	1844.18	1844.61	1845.25	1845.68	1845.32	1845.75	1846.39	1847.39	1846.82	1848.46	1848.90	1849.56	1850.00	1850.66	1851.10	1851.76	1852.20	1852.86	1853.30	1853.96
路肩设计高程	1841.03	1842.10	1842.53	1843.17	1843.60	1844.24	1844.67	1844.568	1845.31	1845.74	1846.38	1846.81	1847.45	1847.89	1848.55	1848.99	1849.65	1850.09	1850.75	1851.19	1851.85	1852.29	1852.95
设计坡度			10.7 \ 600						11.0 \ 570								
地面高程	1838.00	1843.00	1854.00	1822.00	1835.00	1880.00	1868.00	1849.00	1850.00	1860.00	1856.00	1831.00	1851.89	1852.76	1853.49	1853.59	
加桩																	
里程	4	5	6	7	8	9	K250	1	2	3	4	5					
平曲线	95.04 \ 218.79			13.83	α_z-21°38'15";R-609; 1-120;T-174.83;L-346.59			60.42 \ 142.68			3.10						

图9-3　线路纵断面图

的细折线表示铁路中心线处的纵向地面线，它是根据一系列中心桩的地面高程连接而成的。

（3）竖曲线

设计线是由直线和竖曲线组成的，在设计线的纵向坡率变更处，为了便于车辆行驶，按技术标准规定应设置圆弧竖曲线。竖曲线分凸形和凹形两种，图中应标注竖曲线的半径（R）、切线长（T）和外矢距（E_0），本图在K250处有一变坡点，由于坡率变化较小，可不设竖曲线。

（4）工程构筑物

铁路沿线的工程构筑物（如桥梁、涵洞、隧道等）应采用竖直引出线标注，竖直引出线应对准构筑物的中心位置，并标注出建筑物的名称、规格和里程等，如图9-3所示。

（5）水准点

沿线设置的测量水准点也应标注，竖直引出线对准水准点，左侧注写编号、里程桩号，右侧注写其高程和位置。如图9-3中的水准点BM2，设置于里程K250+005.78处的右侧距离为38 m的河沟旁。

2. 纵断面栏

绘图时纵断面栏和图样应上下对齐布置，以便于阅读。纵断面栏主要包括以下内容。

（1）工程地质特征

根据实测资料，在图中标注出沿线各路段的重大不良地质现象、主要地层构造、岩性特征、水文地质等情况。

（2）高程

高程包括轨面设计高程、路肩设计高程和地面高程，轨面设计高程和地面高程分别表示设计线和地面线上各点（桩号）的高程，数值应对准其桩号。比较路肩设计高程和地面高程的相对数值，可决定填挖地段和填挖高度。

（3）设计坡率

标注出设计线各段的纵向坡率和水平长度。表格中的对角线表示坡率方向，左下至右上表示上坡，左上至右下表示下坡。坡率的千分数和坡段长度分别注写于对角线的上、下两侧。如图 9-3 中的 10.7/600 表示此段坡率为 10.7‰，线路水平长度为 600 m。

（4）里程

沿线各点的桩号是按测量的里程数值填入的，单位为米，桩号从左至右排列。整公里处应加注"K"，其余桩号的公里数可省略。在平曲线的起点、中点、终点、地面高程有大的变化点和桥涵中心等处可设置加桩。

（5）平曲线

为了表示该路段的线路平面，通常还要画出平曲线的示意图。直线段用水平线表示，并标注其长度；凸起部分表示右偏角的平曲线，凹下部分表示左偏角的平曲线，并标注出 *ZH* 点及 *HZ* 点里程及曲线要素。

3. 主要技术标准

一般在图纸的左侧以表格的形式标注出铁路的主要技术标准，如铁路等级、正线数目、限制坡率、最小曲线半径、牵引种类、机车类型、到发线有效长度及闭塞类型等，如图 9-3 所示。

二、线路纵断面图的识读

线路纵断面图应结合图样部分和资料部分进行阅读，并与线路平面图对照，得出图样所表示的确切内容。下面以图 9-3 为例介绍线路纵断面图的识读方法、步骤。

1. 读标题栏及说明

了解图名、图号、绘图比例、桩号范围等内容。

2. 阅读技术标准表

了解铁路设计的主要技术标准。

3. 结合纵断面栏阅读图样

（1）根据图样的横、竖比例，了解线路纵断面图中线路设计线与地面线的大致关系，以便确定路基填挖高度与范围。

（2）了解竖曲线的设置情况，读懂曲线要素，如竖曲线的半径（R）、切线长（T）和外矢距（E_0）。

（3）了解线路沿线所设建筑物的类型及所在桩号。

（4）找出沿线设置的已知水准点，了解其编号、所在位置及高程，以备施工使用。

4. 阅读纵断面栏

（1）了解当页图纸中对应各桩号位置地面高程、设计高程。

（2）了解不同地质桩号范围。

（3）根据表中坡率、坡长、平曲线示意图及相关数据，读懂线路的空间变化。

知识点三　路基横断面图

在每一中心桩处用一假设的垂直于线路中心线的剖切平面进行剖切,画出剖切平面与原地面的交线,再根据设计的路基宽度、边坡及边沟等画出设计路基横断面线,即为路基横断面图。其作用是表达线路各中心桩处横向地面高低起伏状况,以及设计路基横断面形状。

路基横断面图是用来计算土石方工程数量和路基施工的主要依据。因此,在图样中应绘制出百米桩处的横断面图;必要时,还应在中间增加一些横断面图样,以保证土石方工程数量的准确性。

一、路基横断面图的图示内容

路基横断面有填方路基(路堤)、挖方路基(路堑)、半填半挖方路基(半路堤半路堑)3种形式,如图9-4所示,图中单位为m。图9-5为某铁路路基横断面设计图其中一页。

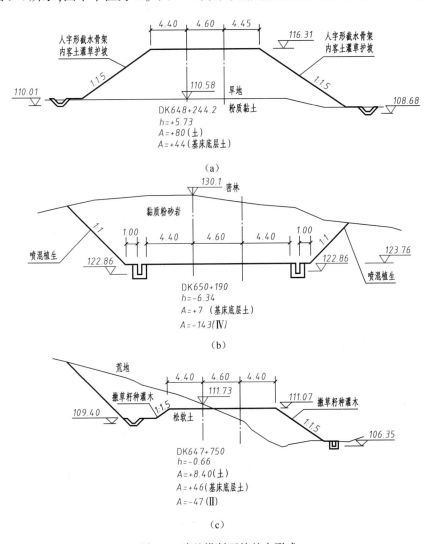

图 9-4　路基横断面的基本形式
(a)路堤;(b)路堑;(c)半路堤半路堑

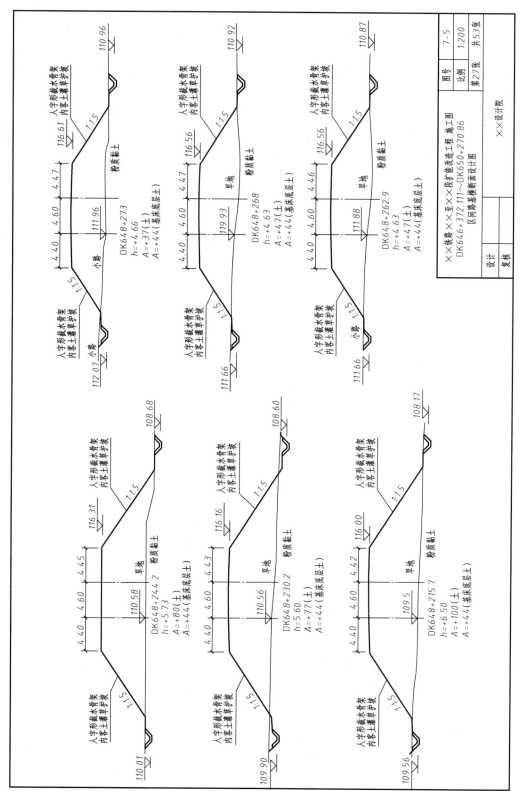

图 9-5 路基横断面图

下面以图 9-5 为例介绍路基横断面图的图示内容。

1. 比例

绘制比例一般使用 1∶200，也可采用 1∶100 或 1∶50，本图采用 1∶200。

2. 图线

线路横断面图应绘制地面线及线路中心线、路基面、边坡和必要的台阶、侧沟、侧沟平台、路拱设计线。地面线用细实线绘制；线路中心线用细点画线绘制；路基面、边坡、台阶、侧沟、侧沟平台及路拱设计线等用粗实线绘制。

3. 里程，填、挖方高度与面积

在线路中心线下（双线的左线，车站的正线），标注正线里程；填、挖方高度 h，单位为 m；填、挖方面积 A（填方面积用"+"表示，挖方面积用"–"表示），单位为 m^2。

4. 标注

在线路横断面图中，应注写水文资料、地质资料及既有建筑物等内容；图上还应标注出坡率、高程、线间距等尺寸。

5. 路基横断面图的布置

路基横断面图的布置顺序为：按桩号从下到上，从左到右布置。

二、路基横断面图的识读

1. 读标题栏、说明文字

了解图名、绘图比例、图纸序号及总张数、施工要求等内容。

2. 阅读图样

根据路基横断面图的布图顺序按从下至上，从左至右的步骤识读，并与对应桩号纵断面设计图相对照。

（1）了解各中心桩处的路基横断面形式，路基中心设计标高，填、挖方高度与面积。

（2）了解各中心桩处相关的水文、地质资料及建筑物等内容。

（3）了解路基横断面的有关尺寸，如坡率、高程、线间距等。

项目十　桥梁工程图

学习目标

通过对本项目的学习,应了解桥位平面图和全桥布置图的内容和特点;掌握墩台图的内容及特点,能识读和绘制墩台图;掌握钢筋混凝土梁图的内容及特点,能识读和绘制梁的结构图和钢筋布置图。

学习任务一　全桥布置图识读

工作任务:

阅读全桥布置图,用语言描述出桥梁的概貌及相关技术资料信息。

任务引导:

识读全桥布置图,思考下列问题。

(1)桥梁由几部分组成?

(2)根据结构形式,可将桥梁分为哪几种类型?

(3)全桥布置图包含哪些内容?

(4)对桥梁的描述以及数据信息应如何展示在全桥布置图上?

当铁道线路跨越河流、山谷、公路或其他障碍时需要修建桥梁。桥梁的作用就是保证线路的畅通,同时保证桥下宣泄流水及船只的通航或其他线路的正常通行。桥梁工程图是桥梁施工的重要技术依据,主要包括桥位平面图、全桥布置图、桥墩图、桥台图、桥跨结构图等。通过对本任务的学习,应了解桥梁工程图的内容及特点,掌握桥梁工程图的识读和绘制方法。

知识点一　桥梁工程图的基本知识

一、桥梁的组成

桥梁由上部结构(主梁或主拱圈和桥面系)、下部结构(基础、桥墩、桥台)和附属结构(锥形护坡、护岸等)3部分组成,如图10-1所示。

二、桥梁的分类

(1)按使用性质分:公路桥、铁路桥、公铁两用桥、人行桥等。

(2)按桥梁全长(L)和跨径分:特大桥($L>1\ 000\ \mathrm{m}$)、大桥($100\ \mathrm{m}\leqslant L\leqslant1\ 000\ \mathrm{m}$)、中桥($30\ \mathrm{m}\leqslant L<100\ \mathrm{m}$)、小桥($8\ \mathrm{m}<L<30\ \mathrm{m}$)。

(3)按结构体系分:梁式桥、拱式桥、钢架桥、悬索桥、斜拉桥、组合体系桥。

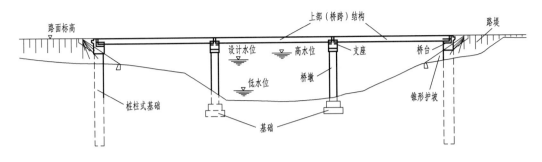

图 10-1　桥梁的组成

三、桥梁工程图识读的注意事项

(1)看图必须由大到小、由粗到细。

识读桥梁施工图时,应先看桥梁设计说明和桥位平面图、总体布置图,并且与梁的纵断面和横断面图结合起来看,然后再看构造图、钢筋图和详图。

(2)仔细阅读设计说明或附注。

凡是图样上无法表示而又直接与工程密切相关的一些要求,一般会在图样上用文字说明表达,因此读图前仔细阅读说明。

(3)牢记常用符号和图例。

(4)注意尺寸标注。

桥梁工程图图样上的尺寸单位一般有 3 种:m、cm、mm。标高和桥位平面图一般用 m,桥梁各部分结构一般用 cm,钢筋用 mm。要了解具体尺寸信息需阅读图样的附注说明。

知识点二　　桥位平面图

桥位平面图是表现桥梁在铁路路线中的具体位置以及桥梁周围地形、地物情况的图样。桥位平面图一般采用较小的比例(如 1∶500、1∶1 000、1∶2 000 等)绘制,线路中心线及墩、台位置采用粗实线绘制。

图 10-2 为××桥的桥位平面图,图中除了表示桥梁平面形状,所处位置周围的地形、地物外,还标示出桥梁中心里程,全长,桥梁墩、台位置,钻孔编号,孔深及桥址处的地质情况。为了确定桥址方位,图中还画出了测量坐标网格。

由图 10-2 可知,该桥位于直线段上,共有 4 跨。两桥台所处地势较高,为山坡地形,山上有灌木林,中间地段地势平缓,为旱地。一条公路从桥下穿过,桥的东南方向有一条既有铁路。

知识点三　　全桥布置图

全桥布置图主要表示全桥的概貌及有关技术资料,具体表明了桥梁的形式、跨径、孔数、墩台塑式、桥梁总体尺寸、各主要构件的相互位置关系、桥梁各部分的标高以及总的技术说明等,是桥梁施工中墩、台定位,构件安装及标高控制的重要依据。

图 10-3 为××桥全桥布置图,由立面图、平面图和资料表组成。立面图是由垂直于线路方

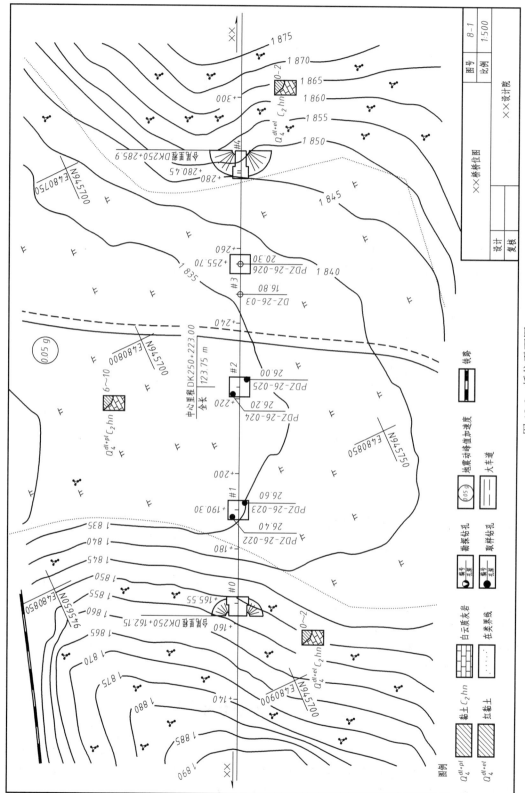

图 10-2　桥位平面图

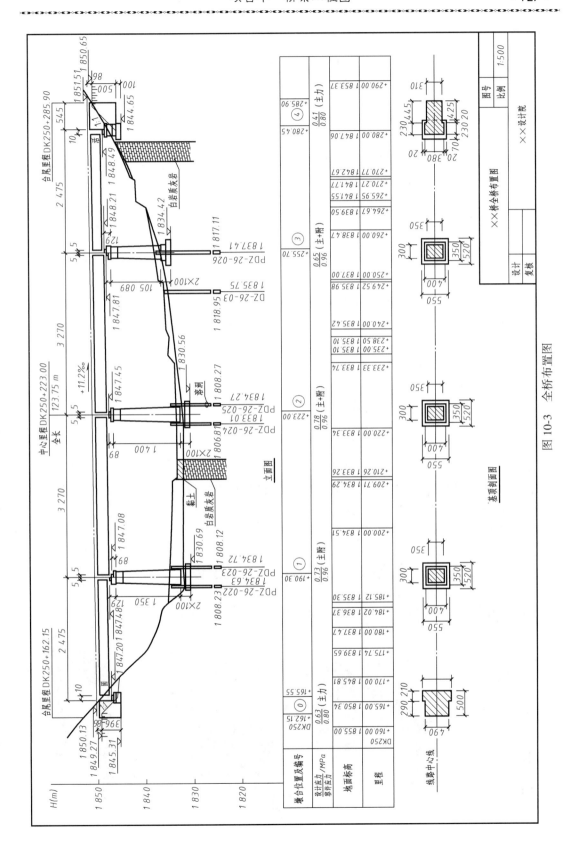

图 10-3　全桥布置图

向向桥孔方向投射而得到的正面图,反映了全桥概貌。平面图采用了基顶剖面图,主要反映墩、台的类型及基础形状。

从图 10-3 可知,该桥为四孔预应力钢筋混凝土简支梁桥,中孔跨径 32 m,边孔跨径 24 m,中心里程为 DK250+223.00,全长 123.75 m。图中标示了全桥各主要部位的标高、各部分的主要尺寸及桥梁的纵向坡率。在立面图左边有高程标尺(以 m 为单位)。图中用细实线绘出地面线,由资料表可知各点的地面高程。

桥梁墩、台位置的命名通常按顺序进行编号,0 号及 4 号桥台为 T 形桥台,1 号、2 号、3 号桥墩为矩形桥墩。由资料表可知两桥台的台前、台尾,各墩的中心里程及各墩的设计应力、容许应力。

桥位的地质资料是通过地质钻探得到的,所钻孔位的多少需根据设计、施工规范的规定及地质情况而定,图 10-3 中共有 5 处钻孔。由于钻孔较深,图中采用折断画法,并标示出钻孔的编号、钻孔底部及孔口处的地面标高。图中用细实线画出地质分界线,通过地质柱状图可了解桥位处的地质变化情况。

学习任务二　桥梁构造图识读

工作任务:

用语言描述桥墩、桥台的构造组成。

任务引导:

(1)用形体分析法了解桥墩、桥台的构造组成;

(2)识读桥墩、桥台图,理解其表达内容及方法;

(3)根据桥墩、桥台图,手工制作模型。

桥墩和桥台是支承上部结构并将其传来的恒载和车辆等活载再传至基础的结构物。通常将设置在桥两端的称为桥台,将设置在桥中间部分的称为桥墩。桥台除了上述作用外,还与路堤衔接,并抵御路堤填土压力,防止路堤填土的坍落。

桥墩和桥台底部的奠基部分,称为基础。

知识点一　桥墩构造图识读

桥墩分为重力式桥墩[见图 10-4(a)]和轻型桥墩[见图 10-4(b)]两大类。

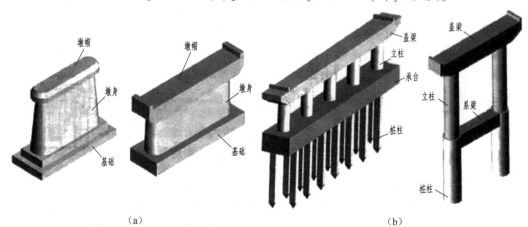

(a)　　　　　　　　　　　　　　　　(b)

图 10-4　桥墩的分类

重力式桥墩一般以墩身的断面形状来进行分类,常用的有圆端形桥墩、矩形桥墩、尖端形桥墩等,如图 10-5 所示。

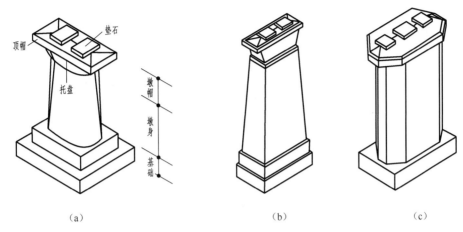

图 10-5　桥墩类型
(a)圆端形桥墩;(b)矩形桥墩;(c)尖端形桥墩

一、桥墩的构造组成

桥墩由基础、墩身和墩帽组成,如图 10-5(a)所示。

基础在桥墩的底部,一般埋在地面以下,根据地质情况,可采用明挖扩大基础、桩基础或沉井基础。图 10-5(a)所示桥墩的基础为两层的明挖扩大基础,由上向下逐层扩大。

墩身是桥墩的主体,一般是上面小,下面大,自上而下形成一定坡率。墩身有实心墩身和空心墩身两种。图 10-5(a)所示桥墩的墩身为实心墩身。

墩帽位于桥墩的上部,由顶帽和托盘组成。托盘上大下小,与墩身连接时起过渡作用。顶帽的顶面设置有排水坡,排水坡上面设置支承垫石以便安装桥梁支座。

二、桥墩图的图示方法

桥墩图主要表达桥墩的总体及其各组成部分的形状、尺寸和材料等。表示桥墩的图样有桥墩图、墩帽详图和墩帽钢筋布置图。

1. 桥墩图

桥墩图主要用来表达桥墩的整体形状和大小,以及桥墩各部分所用的材料。图 10-6 为桥墩概图。

(1)正面图

正面图是顺线路方向对桥墩进行投影而得到的投影图。正面图的左半部分表示了桥墩的外形和尺寸,其中点画线是平面与曲面的分界线及桥墩的对称线;右半部分为 2-2 剖面图,其剖切位置和投影方向表示在侧面图中,主要用来表示桥墩各组成部分所用的材料,不同材料使用不同方向和间隔的剖面线,并加注材料说明,材料的分界线为虚线。

(2)平面图

平面图左半部分为外形图,主要表示了桥墩的平面形状和尺寸,顶帽部位的排水坡斜面采用由高向低一长一短的示坡线(细实线)表示,示坡线方向是倾斜面的最大坡率线方向;右半部分为1-1剖面图,其剖切位置和投影方向表示在正面图中,表示了墩身顶面、底面及基础的平面形状和尺寸。

(3)侧面图

侧面图主要表示了桥墩的侧面形状和尺寸。

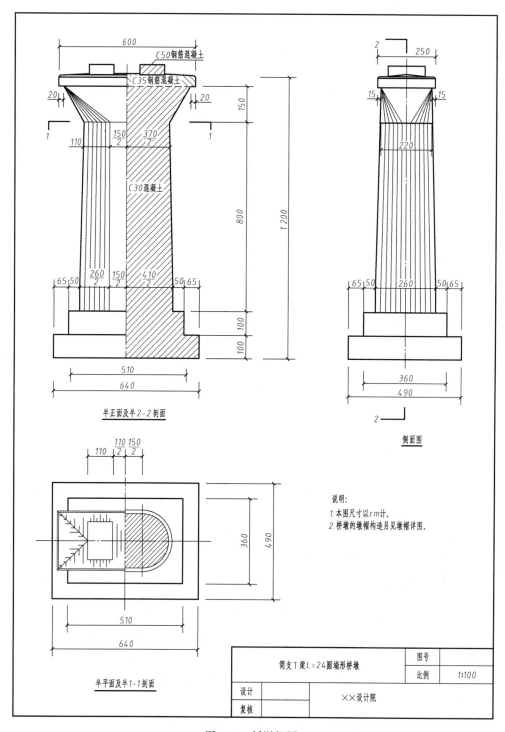

图 10-6　桥墩概图

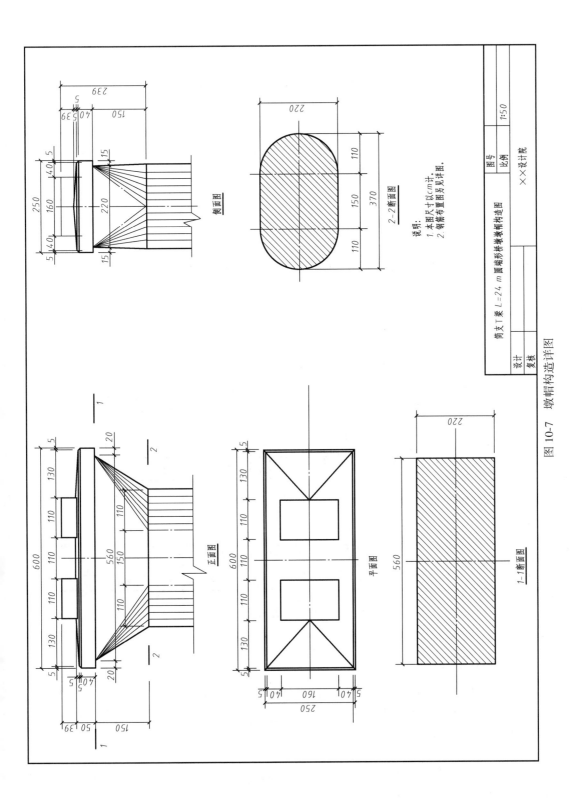

图 10-7　墩帽构造详图

2. 墩帽构造详图

图 10-6 采用的比例较小,墩帽部分的形状、大小不易表示清楚,为此,需要用较大的比例单独画出墩帽图。图 10-7 为图 10-6 所示圆端形桥墩的墩帽图。

墩帽图由五个视图组成,其中正面图、平面图和侧面图表示了顶帽的形状和尺寸、托盘的宽度和长度。而 1-1 和 2-2 断面图表示了托盘顶面和底面的形状与尺寸。

3. 墩帽钢筋布置图

如图 10-8 所示,桥墩顶帽及支承垫石钢筋布置图由两个投影组成:立面图和平面图(平面图与断面图的组合),主要表示顶帽的钢筋布置。顶帽内布置有两层钢筋网,支承垫石内布置有三层钢筋网,钢筋均采用等间距布置。

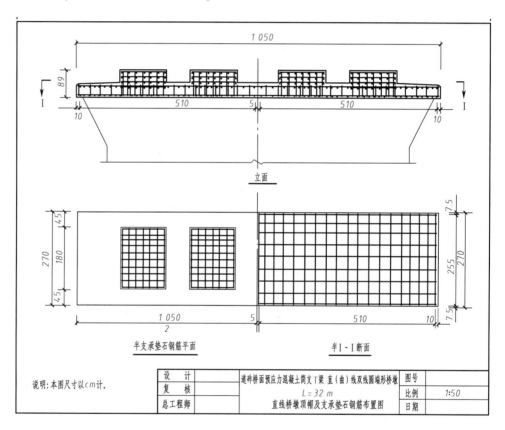

图 10-8　墩帽及垫石钢筋布置图

三、桥墩图的识读

下面结合图 10-6 和图 10-7,说明识读桥墩图的方法和步骤。

(1)读桥墩概图的标题栏及说明,了解桥墩的名称、绘图比例、尺寸单位以及有关施工、材料等方面的技术要求。

(2)阅读各视图的名称,弄清各视图的投射方向及各视图间的对应关系。

(3)采用形体分析法,将桥墩分为基础、墩身和墩帽三部分,找出各部分的投影,弄清它们的形状和大小。

①基础。由图 10-6 可知,基础分两层,每层高 100 cm,为矩形明挖扩大基础。底层基础长

640 cm,宽490 cm;上层长510 cm,宽360 cm。两层基础在前后、左右方向都是对称放置,如图10-9所示。

②墩身。由图10-6中正面图、侧面图及1-1剖面图可知,墩身高800 cm,为圆端形截面。顶面半圆半径为110 cm,底面半圆半径为130 cm,两半圆之间的距离都为150 cm。

由上述分析可知,墩身是由左、右两端的半圆台和中间的四棱柱组合而成的,如图10-10所示。

③墩帽。由图10-7可知,墩帽分为下部的托盘和上部的顶帽两部分。

托盘顶面和底面的形状和大小分别由1-1及2-2断面图确定,顶面为560 cm×220 cm的矩形,底面为圆端形,两端半圆的半径为110 cm,半圆中心距为150 cm,托盘高150 cm。托盘形状如图10-11所示。

顶帽总长600 cm,总宽250 cm,总高50 cm。顶帽下部为600 cm×250 cm×45 cm的长方体,在高度中有5 cm的抹角,顶部设有高5 cm向四面倾斜的排水坡。排水坡顶部设有两块长160 cm、宽110 cm的矩形支承垫石,其顶面高出排水坡脊39 cm,侧面与排水坡斜面相交,其交线分别为侧垂线和侧平线。顶帽形状如图10-12所示。

图10-9 基础形状

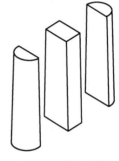

图10-10 墩身形状

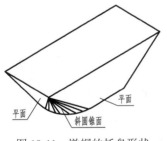

图10-11 墩帽的托盘形状

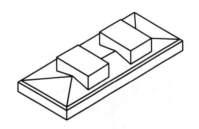

图10-12 墩帽的顶帽形状

(4)综合各部分的形状和大小,以及它们之间的相对位置,可以得出桥墩的总体形状和尺寸。

四、桥涵工程图的习惯画法及尺寸标注特点

1. 桥涵工程图中的习惯画法

(1)为了帮助读图,常将斜面用由高到低,一长一短的示坡线表示,以增加直观感。

(2)在桥梁工程图中,对于需要另画详图的部位,一般采用附注说明或详图索引符号表示,如图10-6中的说明或图10-18中的详图索引符号。

(3)在桥涵工程图中,大体积混凝土断面的材料图例习惯用45°细实线画的剖面线代替,

如图 10-6 所示,不同材料使用不同方向和间隔的剖面线,材料的分界线为虚线。

2. 桥涵工程图中的尺寸标注特点

由于工程的特点,桥涵工程图中的尺寸标注除了应遵守在组合体尺寸标注中所规定的基本要求外,还有一些特殊要求。

(1) 重复尺寸

为了施工时看图方便,希望各部分尺寸都不需通过计算而可以直接读出,同时也要求在一个视图中将物体的尺寸尽量标注齐全,这样就出现了重复尺寸,如图 10-6 所示的桥墩基础的长和宽均标注了两次。

(2) 测量需要的尺寸

施工时,测量的尺寸一般都直接注出,不再另行计算,如图 10-7 中墩帽顶面各细部尺寸,托盘部分平面与曲面交线的尺寸。

(3) 特殊要求的尺寸

特殊要求的尺寸即建筑物与外界联系的尺寸,常以标高形式出现,如图 10-3 所示全桥布置图中的路肩标高、轨底标高、梁底标高等。标高符号为细实线绘制的等腰直角三角形,高约 3 mm。

(4) 对称尺寸

桥涵工程图中,对于对称部分图形往往只画出一半,如图 10-6 中的正面图,采用半正面及半 2-2 剖面。为了将尺寸全部表达清楚,常用 B/2 的形式注出,如 150/2、410/2 等,说明其全部尺寸为 150、410。

知识点二　桥台构造图识读

桥台有重力式桥台和轻型桥台两大类。图 10-13(a)为重力式桥台,图 10-13(b)为轻型桥台。

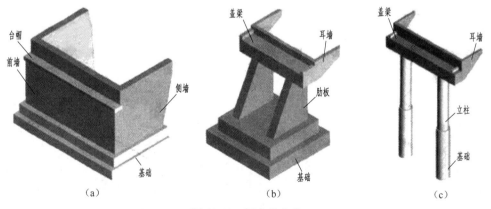

图 10-13　桥台的分类
(a)重力式桥台;(b)肋板式桥台;(c)桩柱式桥台

常见的重力式桥台有 T 形桥台、U 形桥台、耳墙式桥台,如图 10-14 所示。

一、桥台的构造组成

下面以图 10-15 所示的 T 形桥台为例,介绍其组成和构造。

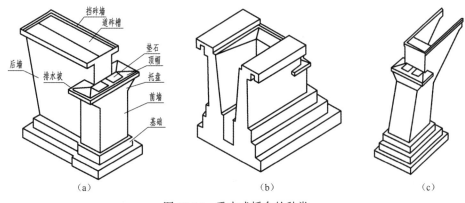

图 10-14　重力式桥台的种类

(a)T 形桥台;(b)U 形桥台;(c)耳墙式桥台

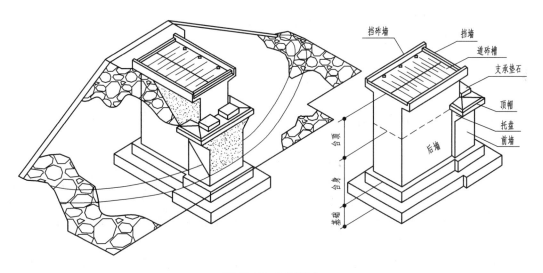

图 10-15　T 形桥台

1. 基础

基础位于桥台下部,常埋于地下,随地质水文等条件不同而有多种形式。图 10-15 中的 T 形桥台采用的是明挖扩大基础,该基础由两层 T 形棱柱叠置而成。

2. 台身

台身是桥台的中间部分,由前墙、部分后墙和托盘组成。

3. 台顶

台身以上的部分称为台顶,由部分后墙、顶帽及道砟槽组成。顶帽位于托盘之上,周边抹角,上部设有排水坡,一部分嵌入后墙内,前面的排水坡上有两块支承垫石用于安放支座。

道砟槽位于后墙的上部,其形状如图 10-16 所示,前后设有挡墙,两侧为挡砟墙。在靠近挡砟墙内侧处设有泄水管,用于排除道砟槽内的积水。道砟槽的底部中间高、两边低,其上设防水层和保护层。

4. 附属工程

附属工程主要指保护桥头填土不至受河水冲刷的锥体护坡,它与桥台紧密相连,实际形状

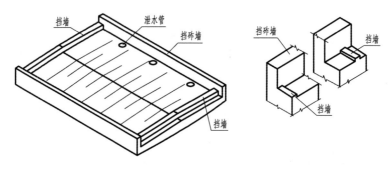

图 10-16　道砟槽形状

相当于 2 个 1/4 椭圆锥体,分设于桥台两侧,将台身的大部分覆盖和包容。

二、桥台图的图示方法

表示桥台的图样有桥台总图、台顶详图和台顶钢筋布置图,下面以图 10-17、图 10-18 所示 T 形桥台图为例介绍。

1. 桥台总图

桥台总图主要用来表示桥台的总体形状、大小、各组成部分的相对位置和尺寸,以及桥台与路基、锥体护坡、线路的相对位置关系。

图 10-17 所示的 T 形桥台总图由侧面图、半平面和半基顶剖面图、半正面和半背面图组成。

(1)侧面图

在正面图的位置画的是桥台的侧面图,是在与线路垂直方向对桥台进行投射而得到的视图,它反映了桥台的形体特征及桥台与线路、路基及锥形护坡之间的关系。图中将桥台本身全部画成可见的,路基、锥形护坡及河床地面均未完整画出,只画出了轨底线、部分路肩线(图中长 75 cm 的水平线)、锥形护坡的轮廓线(图中 1∶1 及 1∶1.25 的斜线)及台前、台后的部分地面线。

(2)半平面、半基顶剖面图

平面图采用半平面、半基顶剖面图,中间用点画线分开。由于剖切位置已经明确,所以未再对剖切位置作标注。半平面图主要表示道砟槽和顶帽的平面形状和尺寸,半基顶剖面图主要表示台身底面和基础的平面形状和尺寸。

(3)半正面和半背面图

侧面图的位置画的是桥台的半正面及半背面合成的视图,即正面投影与背面投影各画一半组合在一起,中间用点画线分开,用以表示桥台正面和背面的形状和尺寸。

2. 台顶构造详图

图 10-18 为图 10-17 所示 T 形桥台的台顶构造详图,它主要用来表示顶帽和道砟槽的形状、构造和大小,台顶构造图由以下几个基本视图和详图组成。

(1)1-1 剖面图

1-1 剖面图的剖切位置和投影方向在半正面及半 2-2 剖面图中表示出,它是沿桥台对称面剖切得到的全剖面图,主要表示道砟槽的构造及台顶部分所使用的材料。图中的虚线表示材料的分界线。

(2)半平面图

平面图考虑到桥台的左右对称,采用简化画法,即只画出一半,中间用点画线并画上对称符号。它主要表示道砟槽的平面形状和尺寸、槽底的横向坡率及顶帽支承垫石的位置和尺寸。

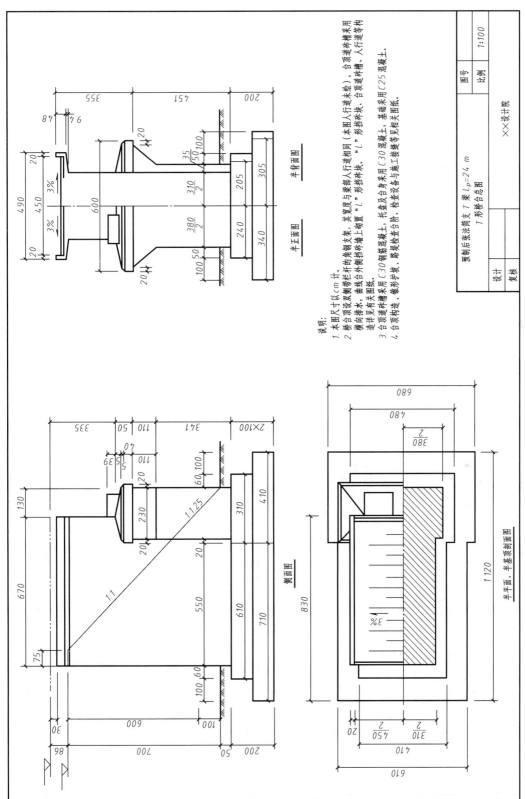

图 10-17　T 形桥台总图

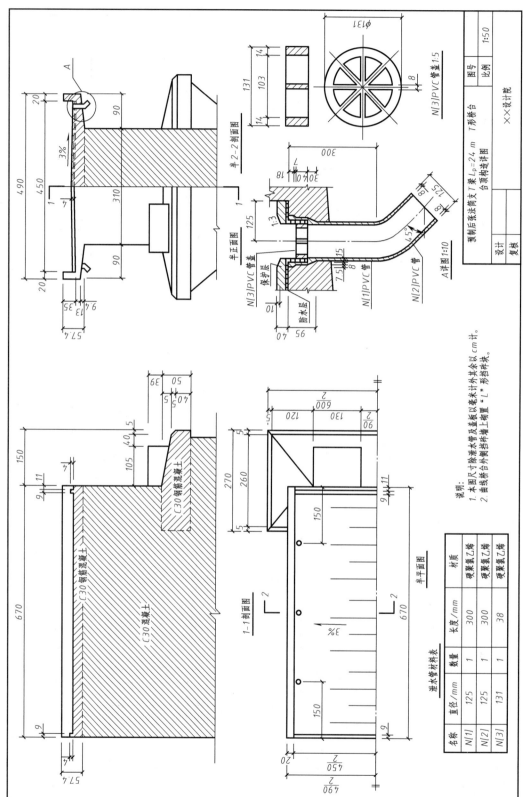

图 10-18　T 形桥台台顶构造详图

（3）半正面和半 2-2 剖面图

半正面和半 2-2 剖面图是从正面和 2-2 处剖切后投影而得到的合成视图。半正面图主要表示顶帽及道砟槽的正面形状，半 2-2 剖面图主要表达道砟槽内的构造和形状。图中不能表示清楚的泄水管构造，另用详图表示。

三、桥台图的识读

阅读桥台图时应同时阅读桥台总图和台顶构造详图，并按从整体到局部的顺序进行。若需知道桥台顶帽和道砟槽的钢筋布置情况，还要再阅读这些部分的钢筋布置图。下面以图 10-17 和图 10-18 为例，说明识读桥台图的方法和步骤。

1）读标题栏及说明，从中了解桥台的名称、类型、绘图比例、尺寸单位以及有关施工、材料等方面的技术要求。

2）阅读各视图的名称，弄清各视图的投影方向以及各视图间的对应关系。

3）采用形体分析法，将桥台分为基础、台身和台顶三部分。

①基础。由图 10-17 可知，桥台基础呈 T 形棱柱状，共有两层，每层高均为 100 cm，宽度和长度尺寸如图 10-19（a）所示。

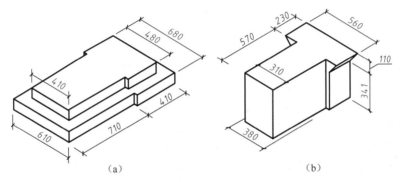

图 10-19　桥台基础和台身的形状

（a）基础形状；（b）台身形状

②台身。台身由部分后墙、前墙和托盘三部分组成。由侧面图并结合半平面、半基顶剖面图可知，前墙为 380 cm×230 cm×341 cm 的长方体。前墙上部为托盘，呈梯形棱柱状，高为110 cm，下底宽 380 cm、上底宽 560 cm、长为 230 cm。后墙为 310 cm×570 cm×451 cm 的长方体，如图 10-19（b）所示。

③台顶。台顶由顶帽、部分后墙和道砟槽组成。顶帽位于托盘之上，下部为 600 cm×270 cm×45 cm 的长方体，在高度中有 5 cm 的抹角，顶部为高 5 cm 向四面倾斜的排水坡，上设支承垫石，其尺寸如图 10-20（a）所示。墙身是后墙的延伸部分，是一个棱柱体，前下角有一切口与顶帽连接，其尺寸如图 10-20（b）所示。道砟槽在桥台的最上面，由图 10-18 的 1-1、2-2 剖面图结合平面图可知，道砟槽长 670 cm，宽 490 cm，左、右两侧设有高 57.4 cm、顶宽 20 cm 的挡砟墙，在靠近挡砟墙内侧处设有泄水管，两端的泄水管距台前、台尾为 150 cm，中间泄水管按等距离布置。道砟槽底中间高，两边低，以 3% 的坡率向两侧倾斜，以便排水。为便于铺设防水层及保护层，在台前、台尾处设置了高 4 cm、宽 9 cm 的挡墙，如图 10-16 所示。泄水管、防水层及保护层构造及尺寸，如图 10-18 中的 A 详图所示。

4）综合各部分的形状和大小，以及它们之间的相对位置，可以得出桥台的总体形状和大小。

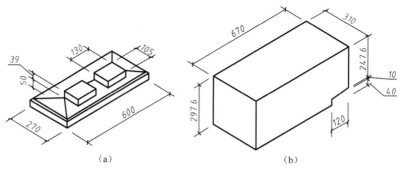

（a）　　　　　　　　　　　　　　（b）

图 10-20　桥台顶帽和墙身的形状

（a）顶帽形状；（b）台顶墙身形状

学习任务三　桥梁构造图 CAD 绘制

工作任务：

阅读图 10-6、图 10-7 所示的圆端型桥墩构造图（或图 10-17、图 10-18 所示的桥台构造图），用 AutoCAD 2014 抄绘在 A3 图纸上，并打印。

任务引导：

（1）阅读桥墩构造图（桥台构造图），进一步熟悉桥墩（桥台）各组成部分的形状和尺寸大小，为使用 AutoCAD 2014 绘图做准备。

（2）设置图层。轮廓线：粗实线，线宽 0.35；点画线：线宽 0.13；细实线（填充线、尺寸标注、文字）：线宽 0.13；虚线：0.2（不同材料分界线）。

（3）设置文字样式。汉字：字体为仿宋 GB2312，宽度因子为 0.7；图中图样名用 5 号字，文字注解用 3.5 号字；数字：字体为 gbeitc. shx，高度和宽度因子默认；尺寸数字用 3.5 号字。

（4）绘图过程中，要保证三视图满足"长对正、高平齐、宽相等"的对应关系。

（5）对图样进行的尺寸标注、符号注写都应符合我国工程制图标准，注意事项如下。

①按要求设置好线性尺寸标注样式。

②使用"连续标注"命令可以整齐地标注出大量线性尺寸，加快作图速度。

③在"文字编辑器"中，应用"堆叠"手段形成对称半标注尺寸。

④标高尺寸标注中的标高符号要符合制图标准，符号的高度为 3 mm，应为等腰直角三角形。可以将标高符号做成图块，方便其他地方使用。

⑤剖切符号要符合制图标准，剖切位置线长度为 6~10 mm，剖切方向线长度为 4~6 mm，都为粗实线。

（6）用 A3 图框放大 10 倍框住桥墩图（桥台总图）（该图比例为 1：100，单位为 cm），用 A3 图框放大 5 倍框住墩帽详图（台顶详图）（该图比例为 1：50，单位为 cm）。

（7）打印出图。在打印对话框中设置好打印设备、纸图大小与方向、打印区域及打印比例等。

学习任务四　梁体结构图识读

工作任务：

阅读图 10-21 所示构件的配筋图，解决以下问题：

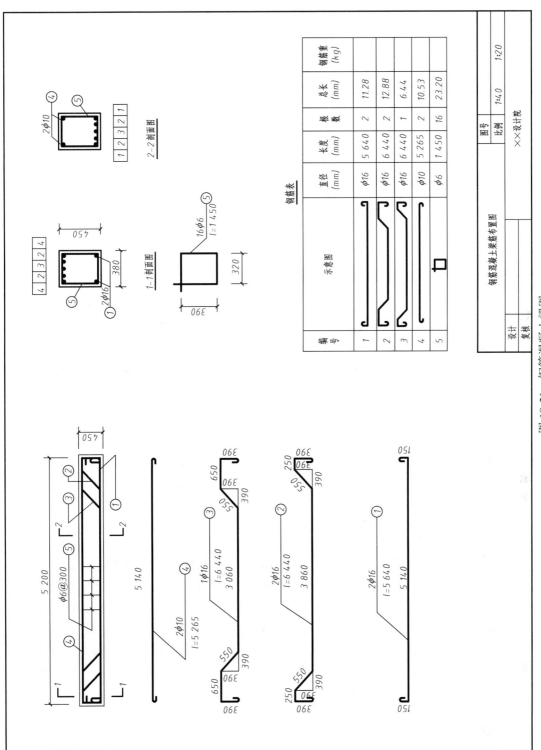

钢筋表

编号	示意图	直径 (mm)	长度 (mm)	根数	总长 (mm)	钢筋重 (kg)
1		φ16	5 640	2	11.28	
2		φ16	6 440	2	12.88	
3		φ16	6 440	1	6.44	
4		φ10	5 265	2	10.53	
5	口	φ6	1 450	16	23.20	

	设计		钢筋混凝土梁钢筋布置图	图号	14.0	
	复核			比例	1:20	
			××设计院			

图 10-21　钢筋混凝土梁图

(1)能准确说出该构件的长度及截面形式的相关尺寸；

(2)能说出该构件包含的钢筋种类,以及每种钢筋的级别和根数。

任务引导:

(1)应用物体三视图表达方法,了解梁体的构造尺寸；

(2)结合钢筋的标注方法,认识每一种钢筋相应的数据信息；

(3)关注两个断面图表达的内容及图示手法。

知识点一　梁体构造图识读

桥跨结构是桥梁中跨越桥孔的、支座以上的承重结构,它包含主要承重结构(梁),纵、横向联结系,拱上建筑,桥面构造和桥面铺装,排水防水系统,变形缝以及安全防护设施等部分。

常见的铁路桥梁桥跨承重结构(梁)包括钢筋混凝土板式梁、钢筋混凝土 T 形梁、钢筋混凝土箱形梁等,如图 10-22 所示。下面以 T 形梁为例介绍主梁的构造。

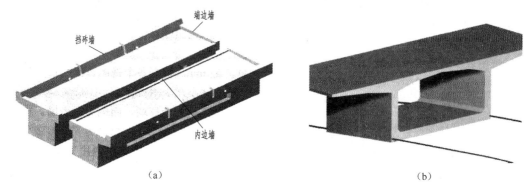

图 10-22　钢筋混凝土梁的形式

(a) T 形梁;(b) 箱形梁

一、梁体的构造

T 形梁指横截面形式为 T 形的梁,如图 10-22(a)所示,其上部构造类似于 T 形桥台道砟槽,两侧挑出部分称为翼缘,翼缘板又兼做桥面,桥面上部沿道路方向外侧设置有挡砟墙、内侧设置有内边墙,垂直于道路方向设置有端边墙,下部中间部分称为梁肋,是主要的承重结构。

T 形梁的中部、端部和腹板变截面处设有横隔板,用于保持截面形状、增强横向刚度。

为保证良好的线路质量,避免梁内钢筋锈蚀,道砟槽板顶面设有横向排水坡,上铺防水层和保护层,雨水经泄水管排出,如图 10-23 所示。

为了养护工作的需要,在挡砟墙外侧预埋 T 钢(U 形螺栓)和角钢相连,上铺人行道盖板。

为了防止掉砟及雨水流到墩台顶帽上,在桥孔的两片梁之间铺设纵向钢筋混凝土盖板,在两孔梁的梁缝间铺设横向钢盖板。

二、梁体构造图的图示方法

梁体图一般由梁体的构造图和梁体的结构图组成,梁体的构造图主要表达的是梁体的各部分组成及其轮廓造型,梁体的结构图主要表达梁体的钢筋配置状况。

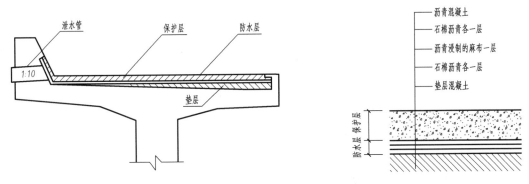

图 10-23　泄水管及防水层的构造图

下面以图 10-24(见书后插页)所示跨度为 6 m 的钢筋混凝土 T 形梁为例,分析梁体构造图的图示方法。

1. 正面图

由于梁在长度方向是左右对称的,因此在正面投影图上采用了半正面和半 2-2 剖面图的组合投影。半正面图是由梁体的外侧垂直向桥跨方向投影而得到的,表示了轨底位置,挡砟墙外侧面、梁肋侧面的形状轮廓与尺寸。2-2 剖面图是沿着两片梁的装配缝处剖开,从中间向外侧投影得到的,其中虚线主要表示梁体道砟槽底的混凝土垫层。

2. 平面图

平面图也采用了组合投影图的表达方法,即半平面和半 3-3 剖面图。半平面主要表示单片梁顶部道砟槽的平面形状及尺寸,还反映了两片梁间纵向铺设的钢筋混凝土盖板的位置。3-3 剖面图是沿着梁肋上部,水平剖切而得到的剖视图,它主要表示梁肋的纵向断面形状和尺寸。

3. 侧面图

侧面图是 1-1 剖面图和端立面图的组合投影图。端立面图是沿着道路延伸方向投影得到的,它较好地表示了 T 形梁的特征。1-1 剖视图是在梁的端部垂直于道路方向进行剖切得到的,它和端立面图一起展示出两片梁拼接的位置关系及各部分构造尺寸。在这里可以清楚地看到梁顶挡砟墙断面和内边墙断面,道砟槽上方用双点画线假想地表示了道砟、枕木、及钢轨垫板的位置,反映出两片梁所组成的一孔桥跨的工作状况。钢轨垫板的顶面,即是在正面图上用双点画线画出的轨底高程。由此可以看出,这是单线路双片 T 形铁路梁。

4. 局部大样图

由于该梁道砟槽的端边墙、内边墙和外边墙构造比较复杂,在 1∶20 的概图中不能表示清楚其形状和尺寸,因此在正面图和侧面图的 1-1 剖面图上,分别用索引符号指出该部分另有详图(即大样图),且该详图就画在本张图纸内,即①、②、③详图。3 个详图分别表达了端边墙、内边墙及挡砟墙的构造尺寸及材料状况。

三、梁体构造图的识读方法和步骤

现以图 10-24(见书后插页)为例,介绍识读梁体构造图的方法和步骤。

(1)读图时,首先要看标题栏和附注说明。从标题栏中可知梁的名称、比例等,从说明中可得知图样的尺寸单位、技术施工要求等。本图表示的是跨度为 6 m 的道砟桥面钢筋混凝土

T 形梁,图内尺寸单位是 mm。

(2)了解图中所采用的表示方法。图 10-24 所示的钢筋混凝土梁在投影表示方法上,充分地利用了对称性的特点,采用了组合投影图的表示方式,同时对一些局部的形状和尺寸,采用了局部详图表示之。

(3)采用形体分析法,将 T 形梁桥分为梁肋和翼缘板两部分。

①梁肋。从端立面和 1-1 剖面图中可以看出,梁肋断面为梯形,下底面宽度为 1 000 mm,上底面宽度为 1 040 mm,高度为 500 mm,从平面图中可以看出梁肋长度为 6 500 mm。

②翼缘板。从 1-1 剖面图可以看出,翼缘板外侧挑出为 530 mm,下底面倾斜高差为 40 mm,内侧挑出为 350 mm,下底面倾斜高差为 20 mm。

挡砟墙:类似于桥台道砟槽中的挡砟墙,从挡砟墙大样图中看到其宽度为(25+80+140)mm = 245 mm,高度为 300 mm,滴水檐高度为 122 mm。从正面图中可以看出挡砟墙泄水管距离梁端部 2 050 mm,直径为 100 mm。

内边墙和端边墙:端边墙墙宽度为 120 mm,上沿宽度为 150 mm,厚度为 20 mm;内边墙墙宽度为 70 mm,上沿宽度为 100 mm,厚度为 20 mm。

垫层:从内边墙大样图和 1-1 剖面图中可以看出翼缘板上部垫层从内边墙 60 mm 厚度处向外倾斜降低,直到挡砟墙为止。

从图 10-24 所示的桥梁图中,可以了解梁的形状和各部分尺寸大小。根据各个视图,按照投影关系及对梁体构造进行分析,可读懂各部分的形状、尺寸大小及所用材料等。读图时可把 T 梁桥分为梁肋和翼缘板,翼缘板上部外侧为挡砟墙,内侧为内边墙,垂直于道路方向的为端边墙。

总体来看,该铁路路线的桥梁由两片 T 形梁组成,总长度为 6 500 mm,总宽度为 3 900 mm,总高度为 1 200 mm,轨枕宽度为 2 500 mm,高出端边墙 350 mm。其中,单片梁宽度为(530+20+1 000+20+350)mm = 1 920 mm,两片梁接缝为 60 mm,从平面图中可以看出两片梁接缝上方盖有钢筋混凝土盖板。

知识点二　钢筋混凝土结构图识读

土木工程中的许多构件都是用钢筋混凝土来制作的,如梁、板、柱、桩、桥墩、隧道衬砌等。

因此,除了学会识读表达桥梁轮廓的构造图,我们还需要学习表达构件内部钢筋断料、加工、绑扎、焊接、布置等情况的钢筋结构图。

钢筋结构图(简称结构图)应包括钢筋布置图、钢筋编号、尺寸、规格、根数、钢筋成型图和钢筋数量表及技术说明等。

一、钢筋混凝土构件及混凝土强度等级

混凝土是由水泥、砂、石子和水按一定的比例拌和硬化而成的一种人造石料。将混凝土灌入定型模板中,经振捣密实和养护凝固后就形成坚硬的混凝土构件了。混凝土的抗压强度较高,抗拉强度较低一般仅为抗压强度的 1/20～1/10。按抗压强度可将普通混凝土分为 C7.5、C10、C15、C20、C25、C30、C35、C40、C45、C50、C55、C60 等 12 个等级,数字越大抗压强度越高。

用混凝土制成的构件极易因受拉、受弯而断裂,为了提高构件的承载力,常在构件受拉区配置一定数量的钢筋,这种由钢筋和混凝土两种材料结合而成的构件,称为钢筋混凝土构件;

用钢筋混凝土制成的板、梁、桥墩和桩等构件组成的结构物,称为钢筋混凝土结构。图 10-25 为钢筋混凝土简支梁受力示意。

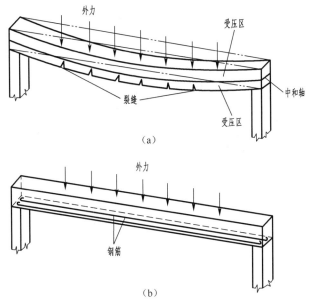

图 10-25 钢筋混凝土简支梁受力示意

如果钢筋混凝土构件是预先制好,然后运到工地安装的,称为预制钢筋混凝土构件;如果构件是在现场直接浇筑的,称为现浇钢筋混凝土构件。此外,如果在制作时将钢筋进行张拉,使其对混凝土预加一定的压力,以提高构件的强度和抗裂性能,这种构件叫预应力钢筋混凝土构件。

二、钢筋的种类、符号与分类

1. 钢筋的种类、符号

钢筋分为普通钢筋和预应力钢筋两类。普通钢筋是指用于钢筋混凝土结构中的钢筋和预应力混凝土构件中的非预应力钢筋,其种类、符号、直径范围如表 10-1 所示。

表 10-1 普通钢筋的种类、符号和直径

牌号	符号	公称直径 d/mm	屈服强度标准值 $f_{yk}/(\text{N/mm}^2)$
HPB300	Φ	6~22	300
HRB335 HRBF335	$\underline{\Phi}$ $\underline{\Phi}^F$	6~50	335
HRB400 HRBF400 RRB400	$\underline{\Phi}$ $\underline{\Phi}^F$ $\underline{\Phi}^R$	6~50	400
HRB500 HRBF500	$\overline{\Phi}$ $\overline{\Phi}^F$	6~50	500

预应力钢筋主要有预应力钢丝、钢绞线和预应力螺纹钢筋,它们的直径可以查《混凝土结构设计规范》(GB 50010—2010)。

2. 钢筋的分类

配置在钢筋混凝土构件中的钢筋主要分为梁中钢筋和板中钢筋,如图 10-26 所示。按作用不同,具体可分为下列几种。

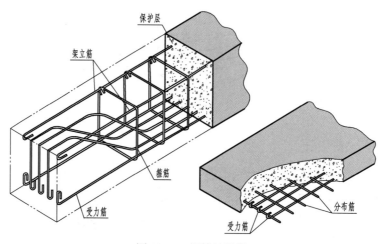

图 10-26　钢筋的种类
(a)梁中钢筋;(b)板中钢筋

(1)受力钢筋(主筋):承受拉、压应力的钢筋。承受构件中的拉力的钢筋称为受拉钢筋;承受压力的钢筋称为受压钢筋。

(2)架立钢筋:固定受力钢筋,与受力筋、箍筋组成钢筋骨架。一般只用于钢筋混凝土梁中。

(3)箍筋:用来固定钢筋的位置,并承受剪力,多用于梁和柱内。

(4)分布筋:一般用于板式结构中,与板中受力筋垂直布置,将板面的集中荷载均匀地传给受力筋,并固定受力筋的位置,防止混凝土因收缩和温度变化出现裂缝。

(5)其他钢筋:因构造要求和施工需要而设置的钢筋,如吊环、预埋锚固筋等。

三、钢筋的弯钩和弯起

1. 钢筋的弯钩

为了增加钢筋与混凝土的黏结力,保证钢筋与混凝土的共同工作,受力筋的两端常作成弯钩。弯钩的标准形式有半圆弯钩(180°)和直角弯钩(90°)两种,其形状及尺寸如图 10-27 所示。图中用双点画线示出了弯钩的理论计算长度,计算钢筋总长时必须加上该段长度。

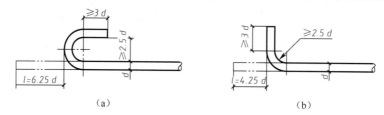

图 10-27　钢筋弯钩
(a)半圆弯钩;(b)直角弯钩

当弯钩为标准形式时,图中不必标注其详细尺寸;若弯钩或钢筋的弯曲是特殊设计的,则在图中必须另画详图表明其形式和详细尺寸。

2. 钢筋的弯起

根据构件的受力要求,受力钢筋中有一部分需要在构件内部弯起,弯起形式如图 10-28 所示。这时弧长比两切线长度之和短,因此在钢筋下料时应注意减去折减数值,具体折减数值可查阅标准手册或专业书籍。

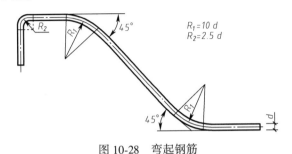

$R_1 = 10\ d$
$R_2 = 2.5\ d$

图 10-28　弯起钢筋

在弯起钢筋的弯终点外应留有锚固长度,其长度在受拉区应不小于 20 d,在受压区应不小于 10 d。梁中弯起钢筋的弯起角 a 宜取 45°或 60°,板中如需将钢筋弯起时,可采用 30°弯起角。

四、钢筋的保护层

为防止钢筋锈蚀,保证钢筋与混凝土的黏结力及防火要求,钢筋外边缘至混凝土表面应设置一定厚度的保护层。保护层的最小厚度如表 10-2 所示。保护层厚度在图上一般不需标注,可用文字说明。

表 10-2　钢筋混凝土保护层的最小厚度

钢　　筋	构件种类		保护层厚度/mm
受力筋	板		15 或 20
	梁		25 或 30
	柱		30
	基础	有垫层	40
		无垫层	70
钢箍	梁和柱		15
分布筋	板		10

五、钢筋混凝土结构图的表示方法

1. 钢筋的表示方法

钢筋的表示方法应符合《建筑结构制图标准》(GB/T 50105—2010),如表 10-3 所示。

表 10-3　钢筋的表示方法

序号	内　　容	表示方法	序号	内　　容	表示方法
1	钢筋横断面	●	2	端部无弯钩的钢筋	———

续上表

序号	内 容	表示方法	序号	内 容	表示方法
3	带半圆弯钩的钢筋		8	在平面图中配双层钢筋时,底层钢筋弯起应向上或向左,顶层钢筋则向下或向右	底层 顶层
4	带直弯钩的钢筋				
5	带丝扣的钢筋				
6	带直弯钩的钢筋搭接				
7	无弯钩的钢筋搭接				

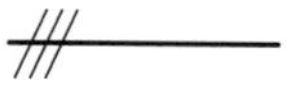

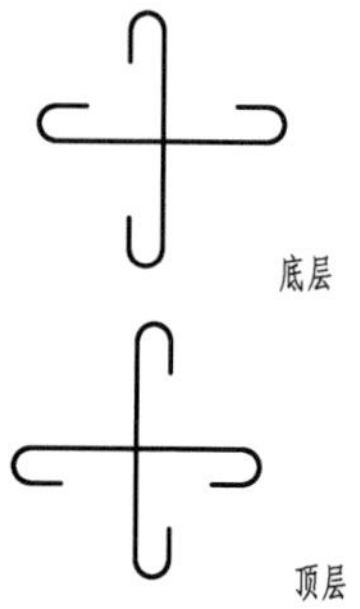

钢筋混凝土结构图主要包含配筋图和成型图。配筋图主要表示构件内部钢筋的配置情况,成型图主要表示各钢筋的形状、尺寸,如图 10-21 所示的钢筋混凝土简支梁的配筋图和成型图。

2. 钢筋结构图的图示特点

(1)为突出构件中钢筋的配置情况,把混凝土假设为透明体,结构外形轮廓用细实线绘制。

(2)钢筋纵向用粗实线绘制,其中箍筋较细,可用中实线绘制;钢筋横断面用黑圆点表示,不论钢筋实际粗细为多少,在图面中用直径 1 mm 的小黑点表示。

(3)在钢筋结构图中为了区分各种类型和不同直径的钢筋,要求对不同类型的钢筋加以编号并在引出线上注明其规格和间距,编号用阿拉伯数字表示。

(4)钢筋的弯钩和净距的尺寸都比较小,画图时不能严格按照比例画,以免线条重叠,要考虑适当放宽尺寸,以清楚为主,此称为夸张画法。同理,在立面图中遇到钢筋重叠时,亦要放宽尺寸,中间应留有空隙,使图面清晰。

(5)画钢筋结构图时,三面投影图不一定都画出来,可根据需要来决定。例如,画钢筋混凝土梁的钢筋结构图,一般不画平面图,只用立面图和断面图表示。

(6)为了表明钢筋的形状,便于备料和施工,应画出各类钢筋的成型图,一般绘制于视图的下方,与视图中对应的钢筋对齐,并标明钢筋的符号、直径、根数、尺寸及断料长度等,如图 10-21 所示。为了节省图幅,也可将钢筋成型图画成示意图放在钢筋表中。

3. 钢筋的编号

为了区别构件中的钢筋类别(直径、钢材、长度和形状),应将钢筋编号。编号次序可按钢筋的主次及直径大小进行编写,如先编主、次部位的主筋,后编主、次部位的构造筋。编号的方法有引注法和列表法。

(1)引注法

编号标注在引线右侧细实线圆圈($\phi 6$)内或写在 N 字之后,如图 10-29(a)所示。

(2)列表法

钢筋排列过密时可采用列表法,如图 10-29(b)所示,其中小黑点对应的数字就是钢筋的编号。

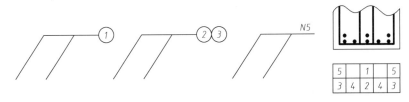

图 10-29　钢筋的编号

(a) 引注法；(b) 列表法

4. 尺寸标注

钢筋图的尺寸标注与其他工程图相比具有明显的特点(参见图 10-21)。

(1)构件外形尺寸、轴线定位尺寸、钢筋定位尺寸等采用普通的尺寸线标注方式标注。

(2)钢筋的数量、品种、直径以及均匀分布的钢筋间距等通常与钢筋编号集中在一起用引出线标注，如图 10-30 所示。

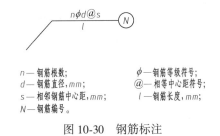

n—钢筋根数；　　　　　　φ—钢筋等级符号；
d—钢筋直径，mm；　　　@—相等中心距符号；
s—相邻钢筋中心距，mm；　l—钢筋长度，mm；
N—钢筋编号。

图 10-30　钢筋标注

(3)钢筋成型图的分段长度直接注写于各段的旁边，不画尺寸线；钢筋的弯起角度常按分量形式注写，注出水平及竖直方向的分量长度，如图 10-21 中②、③钢筋的弯起尺寸，用细实线画一直角三角形，并在其直角边上注出水平及竖直方向尺寸。

5. 钢筋表

在钢筋布置图中，需要编制钢筋表，以便于编制施工预算和统计用料。钢筋表一般包括钢筋编号、示意图、直径、根数、总长和质量等(见图 10-21)。

六、梁体结构图的识读

梁是桥跨结构中主要的承重构件，其钢筋配置图是重要的施工依据。下面以图 10-31 钢筋混凝土 T 形梁结构图为例(见书后插页)，介绍梁体的钢筋配置。

从图 10-31 中可以了解 T 形梁的各种钢筋的类型、直径、长度、根数以及它们的配置位置。读图时，首先要看标题栏和附注说明，从标题栏中可知梁的名称、比例等，从说明中可得知尺寸单位、技术施工要求等。由此可知，该图表示的是钢筋混凝土 T 形梁的钢筋结构图，图内尺寸单位是 mm。此外，读图时要结合图 10-24 钢筋混凝土 T 形梁的构造图，利用钢筋混凝土结构图的图示特点，校核各种钢筋的类型、直径、数量、长度以及配置位置。

从 1-1 剖面图和 2-2 剖面图可以得出以下结论。

(1)1 ~7 号钢筋为梁内主筋，平行于道路路线方向布置，1 号钢筋和 2 号钢筋略高于其余钢筋，钢筋根数可以从图下方钢筋编号表中得到；从梁梗中心剖面图中可以看出，除 7 号钢筋外，其余钢筋都从不同位置弯起。

(2)16 号钢筋为挡砟墙上 U 形螺栓内的分布钢筋，依据该钢筋的长度为 3 205 mm，结合梁的总长度为 6 500 mm 以及图 10-24 正面图中的断缝,可以分析得出,单片梁中有 2 根。

(3)18 号钢筋为挡砟槽板钢筋,根据 3-3 剖面图和 4-4 剖面图得,半片梁中有 14 根,一片梁中有 28 根。

(4)19 号钢筋为挡砟墙处翼缘板内钢筋,垂直于线路方向并延伸布置于梁体桥面板板面上,根据 3—3 剖面图得,一片梁中有 9 根。

(5)29 号、30 号钢筋为梁端部翼缘板内特设钢筋,根据 3-3 剖面图和 4-4 剖面图得,半片梁中有 29 号钢筋 15 根,一片梁中 30 根。由图样说明中可知,30 号钢筋的间距与 29 号钢筋相同。

(6)50 号、51 号钢筋为梁中部翼缘板挑出钢筋,根据 3-3 剖面图和 4-4 剖面图得,半片梁中有 50 号钢筋 7 根,一片梁中有 14 根。由图样说明中可知,51 号钢筋的间距与 50 号钢筋相同。

(7)21 号钢筋是梁肋箍筋,又叫腹板钢筋,根据 1-1 剖面图得,每排 6 根,根据梁梗中心剖面图得,半片梁有 10 个间距(不再考虑保护层)共 11 排钢筋,因此总共有 6×22 根=132 根。

(8)34 号钢筋为梁内架立钢筋,根据 1-1 剖面图或 2-2 剖面图得,每片梁中有 7 根,布置在道砟槽上表面位置。

(9)52 号钢筋的示意图对应的是挡砟墙位置,它是挡砟墙内箍筋,根据 3-3 剖面图得,它的排列间距在不同位置不一样,半片梁合计有 18 个间距(不再考虑保护层),共 19 根钢筋,一片梁有 38 根。

(10)53 号钢筋是两侧翼缘板内的分布筋,根据 1-1 剖面图或 2-2 剖面图并结合该钢筋长度得,每片梁中有 12 根,平行于道路方向。

(11)54 号钢筋为挡砟墙和内边墙的分布钢筋,虽然从 1-1 剖面图中看到每片梁中只有 4 根,结合该钢筋示意图给出的长度,以及在阅读 10-24 构造图时就知道梁中部有个伸缩缝,因此该钢筋实际布置 8 根。

(12)61 号、64 号钢筋为端边墙钢筋,根据 4-4 剖面图得,梁的一端有 2 根 61 号钢筋,两端都布置,合计 4 根;64 号钢筋间距为 200 mm,每端放置 9 根,两端共 18 根。

学习任务五　梁体结构图 CAD 绘制

工作任务:

阅读图 10-21 所示钢筋混凝土简支梁配筋图,用 AutoCAD 2014 将其抄绘在 A3 图纸上,并打印。

任务引导:

(1)阅读简支梁配筋图,结合钢筋表,阅读清楚构件内每一种钢筋的类型、直径、长度、根数以及它们的配置位置。

(2)首先采用实际尺寸绘制各图,并布置钢筋表的位置。其中,1-1、2-2 剖面图只需画出断面轮廓和箍筋,采用适当的比例将图样放置在标准的 A3 图框内。

(3)在 A3 图框内绘制与标注构件内的钢筋信息,在这个过程中要解决好以下几个问题。

①梁体轮廓用细实线表示,钢筋轮廓与位置用粗实线表示。

②在表示钢筋的保护层时,有时不能按实际尺寸绘制(因为图样比例很小),必须保证打

印出的保护层距离为 1~2 mm。

③在表达钢筋的弯钩时,不能按实际尺寸绘制(因为图样比例很小),必须保证打印出的钢筋弯钩内径为 1~2 mm。图中弯钩直径取 90 mm,钩端部直线段长度取 80 mm。

④在表达钢筋的横断面时,不能按实际尺寸绘制(因为图样比例很小),必须保证打印出的钢筋横断面的点大小一致,直径为 1 mm。钢筋断点可以应用"圆环"命令绘制。

⑤钢筋成型图(详图)与立面图中对应的钢筋应对齐绘制,立面图中钢筋可采用将详图拷贝上移的方法进行。

(4)钢筋编号、直径、根数、长度等信息的注写要符合国家制图标准。引注线宜采用 45° 斜线,引注符号宜采用箭头或 45° 中粗短画线。

(5)钢筋表格设计时,行高宜设置为 8 mm 或 2×8 mm。钢筋表的内容设置要符合钢筋布置图的要求,分别为编号、简图、直径、根数、长度、总长度、总质量等。

项目十一　涵洞工程图

学习目标

通过对本项目的学习,应了解涵洞工程图的内容及特点,能够识读和绘制涵洞工程图。

学习任务一　涵洞工程图识读

工作任务:

阅读涵洞工程图的相关资料,书写学习笔记。

任务引导:

(1)提取并解释10个与涵洞工程图相关的关键词;

(2)阐述5项有关涵洞及涵洞工程图表达、阅读、绘制的内容,阐述项目的标题自行拟定;

(3)手工绘制3个有关涵洞构造的图样;

(4)学习笔记采用A4纸张竖向书写与装订;

(5)标题设置与文字表达条理清晰,段落表达格式规整,字体大小适中美观;

(6)图样要独立绘制在A4纸张上,图形布置合理,图线绘制、文字、符号注写以及尺寸标注等符合国家制图标准,与学习笔记一同装订。

铁路涵洞是埋设在铁路路基下面用来宣泄小量流水或供小型车辆和行人通行的工程构筑物,涵洞轴线与铁路线交叉,如图11-1、图11-2所示。涵洞在铁路线路中的作用与桥梁基本相同,与桥梁的区别在于它跨度小,构造简单,具有施工容易、养护方便等优点。

图 11-1　涵洞外部　　　　　　　　　　图 11-2　涵洞内部

知识点一 涵洞的分类与组成

一、涵洞的分类

(1)按孔数可分为单孔、双孔和多孔涵洞。
(2)按洞顶有无填土可分为暗涵(洞顶有不小于 0.5 m 的回填土)和明涵。
(3)按建筑材料可分为砖涵、石涵、混凝土涵、钢筋混凝土涵等。
(4)按洞身断面形状,可分为圆管涵、盖板箱涵、拱涵等,如图 11-3 所示。

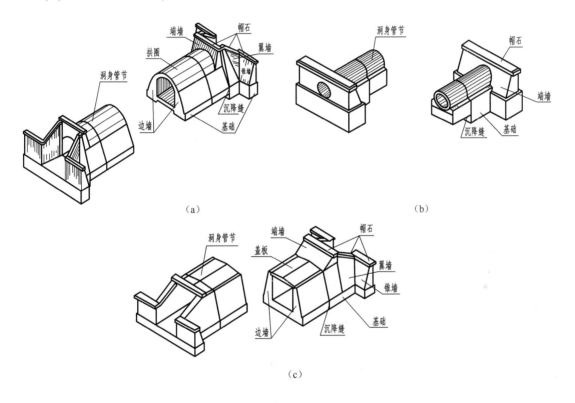

图 11-3 涵洞的构造形式
(a) 拱涵;(b) 圆管涵;(c)盖板箱涵

二、涵洞的组成

涵洞由洞口、洞身和基础三部分组成,盖板箱涵是工程中常见的一种涵洞。下面以图 11-4 所示的涵洞为单孔钢筋混凝土盖板涵为例,说明涵洞的组成。

1. 洞口

洞口分为入口和出口,是用来调节水流状态,保持水流通畅,使涵洞基础和两侧路基免受冲刷的构造。洞口常用的形式有端墙式和翼墙式。涵洞的入口和出口通常采用同一形式,有时各组成部分的尺寸大小不同。如图 11-4 所示,该涵洞的入口和出口均为翼墙式,由翼墙、横墙(雉墙)和帽石等部分组成。

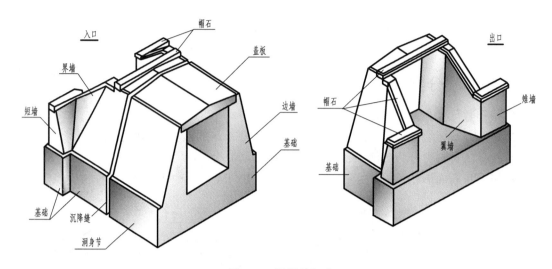

图 11-4　涵洞的组成

2. 洞身

洞身埋在路基下面,是涵洞的主要部分之一,其截面形式有圆形、拱形、矩形三大类。洞身在纵深方向上分为若干段管节,每段管节长 2~5 m,各管节之间设有沉降缝。洞身承受盖板及由盖板传来的荷载,并将其传递给基础。

3. 基础

基础位于涵洞结构的最下部,主要承受整个涵洞的重量和洞身、洞口传来的荷载,并防止水流冲刷造成沉陷和坍塌,保证涵洞的稳定。

4. 附属工程

在洞口的出、入口前,要进行沟床铺砌,在洞口横墙前要设置锥体护坡。在洞口外侧,路基边坡上要做一些水沟、水槽等引流构造。

知识点二　涵洞工程图识读

一、盖板箱涵工程图

（一）盖板箱涵工程图的图示方法

下面以图 11-5(见书后插页)为例,介绍盖板箱涵工程图的图示方法。

1. 中心纵剖面图

涵洞是狭长的工程构筑物,以顺水流方向为纵向。中心纵剖面图是沿涵洞中心线剖切而得,用以表示涵洞全长、总节数、每节长度、沉降缝宽度、出入口长度和各部分基础厚度、涵洞净空高度、盖板厚度、防水层、所用材料等,同时还表示了路面横向坡率和路基宽度。若涵洞较长、中间管节又相同时,可采用折断画法以节省图纸。

2. 半平面、半基顶剖面图

由于涵洞前后对称,所以平面图根据需要采用半剖的形式表达,即以纵向对称的中心线为界,一半画对称的半平面图,另一半画水平剖面图。水平剖面图一般沿着基础顶面水平剖切。

为了使平面图表示清楚,一般情况下不考虑洞顶填土。半平面图主要表示涵洞宽度、出入口的平面形状和尺寸等。在图中假设洞顶填土为透明体,未被盖板遮挡的洞身轮廓线画成实线,被盖板遮挡的洞身轮廓线画成虚线。半基顶剖面图主要表示基础的形状和尺寸,以及边墙、翼墙的底面形状、大小及其与基础顶面的相对位置。

3. 洞口正面图

出、入口正面图就是涵洞洞口的侧立面图。当出、入口的正面形状和尺寸完全相同时,可只画一个正面图。如果不同,为了便于看图,一般将入口正面图画在中心纵剖面图的入口一侧,出口正面图画在中心纵剖面图的出口一侧,这是涵洞图的一个特殊画法。

由于洞口前后对称,所以洞口正面图可采用半剖形式表达,即只需画对称的一半正面图,另一半画横断面图。横断面图垂直于纵向(水流方向)剖切。

洞口正面图主要表示涵洞进、出口的正面形状和尺寸,洞高和净跨径,帽石、盖板、翼墙、基础等的相对位置和形状,以及锥体护坡的横向坡率、路堤边坡的铺砌高度等。图 11-5 所示盖板涵洞入口和出口形状相同,采用同一个图样表达。

4. 断面图

如图 11-5 所示,2-2 断面图表示涵洞洞身的横断面形状,其中详细画出了盖板、边墙和基础的形状及大小;1-1 断面图表示了八字翼墙的断面形状;沉降缝图主要表示了沉降缝防水层的材料做法。

(二)盖板箱涵工程图的识读

下面以图 11-5(见书后插页)所示的盖板涵工程图为例,介绍识读方法和步骤。

1. 阅读标题栏及附注说明

阅读标题栏及附注说明,了解涵洞的名称、种类、主要技术指标、施工措施、绘图比例、尺寸单位等。

通常涵洞工程图采用的绘图比例为 1:50~1:100。图 11-5 的比例为 1:100,尺寸单位是 cm。图示涵洞为钢筋混凝土盖板涵,施工时必须安装好上部结构后才能填土。

2. 整体浏览图样

整体浏览一遍图样,了解图样包括哪些视图以及它们之间的相互关系。

1)读图时应先看中心纵剖面图,了解涵洞类型、孔数、基本尺寸(总长、总高)、施工材料等,如有剖面图、断面图要找出剖切符号的剖切位置和投影方向。

2)对照平面图和洞口正面图、断面图等,了解涵洞的基本尺寸(总宽、总高)、洞身的断面形状和洞口的形状。这样就对涵洞的全貌有了初步了解。

图 11-5 为单孔八字式翼墙盖板涵,孔净尺寸为 300 cm×300 cm。路肩高程为 791.88 m,路堤边坡坡率为 1:1.5,洞底高程为 786.4 m,洞底纵坡 0%。涵洞总长为(410×2+400×2+300+3×4)cm = 1 932 cm,总高为(180+220+20+96+20)cm = 536 cm,总宽为 770 cm,基础高 180 cm,涵洞中心位置为 K187+215。

3. 各组成部分识读

按照涵洞的各组成部分,对照各相关视图,分别看它们的结构形状和尺寸。

(1)洞身识读

由中心纵剖面图可知,洞身全长(400×2+300+3×4+100×2)cm = 1 312 cm,共有 5 节,4 个沉降缝,缝宽 3 cm。结合平面图和 2—2 断面图可知,洞身顶部为 C20 钢筋混凝土盖板,断面呈五边形,底面宽 350 cm,板厚 30 cm,板顶设排水坡,坡脊高 36 cm。盖板两端与边墙间留

1 cm 伸缩缝。全部盖板沿涵纵向长度定型化为 1 m。

边墙断面为梯形,高 330 cm,上底宽为(14+26)cm=40 cm;下底宽 195 cm,内侧有一个深 30 cm,宽 26 cm 的台阶以放置盖板。盖板底以下 40 cm 范围内采用 C15 混凝土,余者为 M10 浆砌片石。

涵洞采用整体式基础,基础材料用 M10 浆砌片石,每节基础为 400(300)cm×710 cm× 180 cm 的长方体,如图 11-6 所示。

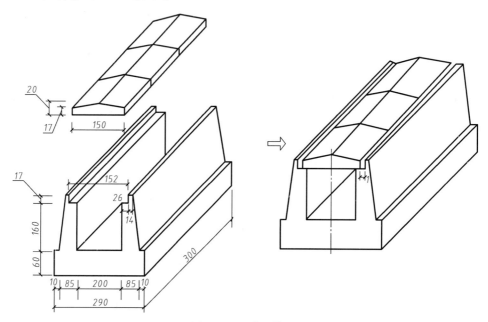

图 11-6 洞身立体图

(2)洞口识读

入口和出口均为八字翼墙式,孔高 300 cm,孔径 300 cm。基础是 T 形柱,外侧宽 770 cm,长(10+110+10)cm=130 cm;内侧宽 710 cm,长 280 cm,高 180 cm。横墙上窄下宽,与翼墙连接,上部宽 40 cm,下部宽 110 cm,高 220 cm,长 190 cm。八字翼墙采用 C15 混凝土,该翼墙顶部靠近洞口有一段长 40 cm 的水平段,其后呈一定坡率向下倾斜。翼墙底边距基础外缘 10 cm,如图 11-7 所示。

帽石断面为矩形,高 20 cm,宽 45 cm,内侧有 5 cm 出檐,顶面有 5 cm 的抹角,采用 C15 混凝土灌注,如图 11-8 所示。

(3)沉降缝及防水层识读

为了防止涵洞内的水和路堤土壤中的水由管接缝和沉降缝互相渗透,必须在管接缝和沉降缝处填塞严密,并在外面作防水层。

沉降缝外侧塞以 FYT-1 防水涂料浸制的麻筋,内侧塞以 M10 水泥砂浆,中间空隙塞黏土。基础沉降缝塞以防水涂料浸制的木板,厚度为 3 cm。洞顶和边墙外再做 50 cm 宽的防水层,将沉降缝从顶到底盖起来,防水层延伸至基础顶面下 15 cm。

纵向沿涵身方向自板顶至板底下 20 cm 的两侧边墙外,通常做防水层。

(4)附属工程(锥体护坡与沟床铺砌)

路堤边坡入口处的铺砌高度为 3.0 m,出口处的铺砌高度为 2.79 m。锥体护坡为 1/4 椭

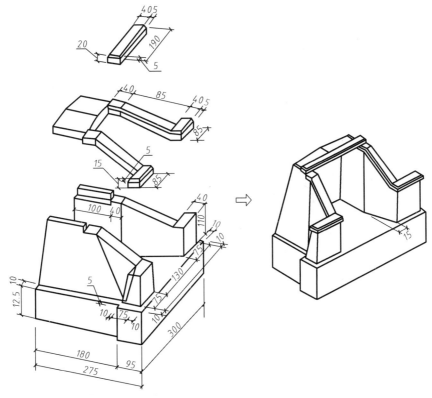

图 11-7 洞身立体图

圆锥,锥体顺路基边坡的坡率为 1:1.5,顺横墙面的坡率为 1:1。

路堤边坡和锥体护坡都用碎石做垫层,用 M5 水泥砂浆片石铺砌。

沟床铺砌由洞口向外延伸,其端部砌筑截水墙,具体尺寸另有详图。

通过以上分析,可以将涵洞各部分的构造、形状、大小综合起来,得出整个涵洞的形状及尺寸。

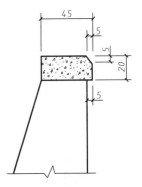

图 11-8 帽石断面图

二、拱涵工程图

拱涵也是一种常见的涵洞,主要由洞身、洞口和基础组成,如图 11-9 所示。

拱涵的洞身也由若干管节组成:靠近入口的第一管节为抬高管节(也可以不设抬高管节),由基础、边墙、拱圈和端墙组成;中间为洞身管节;抬高管节和洞身管节之间设接头墙管节(设有挡墙),各管节彼此之间用沉降缝断开,如图 11-10 所示。

1. 拱涵工程图的图示方法

下面以图 11-11(见书后插页)为例,介绍拱涵工程图的图示方法。

(1)中心纵剖面图

中心纵剖面图主要表示涵洞的总节数,每节长度,总长度,沉降缝宽度,出、入口的长度和各种基础的厚度(深度),净孔高度,拱圈厚度以及覆盖层厚度等。图 11-11 中还表示了涵洞的

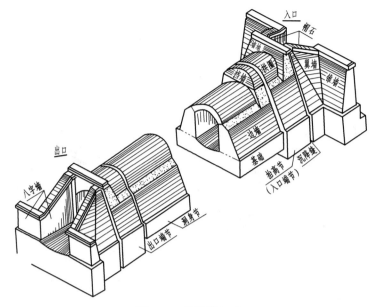

图 11-9　拱涵的组成

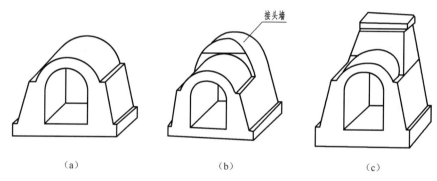

图 11-10　洞身管节
（a）洞身管节；（b）接头墙管节；（c）抬高管节

流水坡率、基础顶面高程、路基的坡率、洞口锥体护坡的纵向坡率及地面铺砌等。因涵洞洞身较长，所以用断开画法把涵洞中部形状相同的一些洞身节略去，而用尺寸中的 n 来说明节数。

（2）半平面和半基顶剖面图

半平面图主要表示各管节的宽度、出口的形状和尺寸、帽石的位置、端墙与拱圈上表面的交线等；半基顶剖面图主要表示边墙，出、入口的底面形状和尺寸，基础的平面形状和尺寸等。

（3）出、入口正面图

左侧立面图（入口正面图）绘制在中心纵剖视图的左边，右侧立面图（出口正面图）绘制在中心纵剖视图的右边，用于表示出、入口的正面形状和尺寸、锥体护坡的横向坡率及路基边坡的片石铺砌高度等。

必须注意的是，各视图布置均应保持投影关系。

（4）剖视图

由于涵洞翼墙和管节的横断面形状及其有关尺寸，在上述 3 个视图中都未能反映出来，因此需要在涵洞的适当位置进行横向剖切,作出剖面图。为了表示不同位置的端面形状,要画出足够的剖面图。由于涵洞前后对称,所以各剖视图只需画出一半,也可以把形状接近的剖视图结合在起画出,如剖面图 2-2、剖面图 3-3 所示。

（5）拱圈详图

拱圈详图用于表示拱圈的形状和尺寸。

2. 拱涵工程图的识读

识读图 11-11 所示拱涵总图的方法步骤如下。

（1）首先阅读标题栏和说明,从中得知涵洞的类型、孔径、孔数、是否有抬高管节、基础形式及比例、尺寸单位、材料。

（2）看清所采用的视图及其相互关系。

（3）按照涵洞的各组成部分,看懂它们的结构形状,明确其尺寸大小。

①洞身:包括洞身管节和抬高管节。由中心纵剖视图、半平面和半基顶剖面图及 3-3 剖面图可知,洞身管节每节长 400 cm,净孔高为（145+50）cm＝195 cm,沉降缝宽为 3 cm,缝外铺设 50 cm 宽的防水层;基础为一 400 cm×420 cm×100 cm 的长方体;边墙为一五棱柱,由 3-3 剖面图结合拱圈图即可知其尺寸大小;拱圈是等厚的圆拱,其尺寸大小可由拱圈图得知。

挡墙的上墙,在洞身节拱顶以上部分,是圆柱体被倾斜平面所截,形成的一椭圆曲线,挡墙的拱圈与边墙间有一斜面相接。

抬高管节应结合 2-2 剖面图进行识读。抬高管节的基础、边墙与洞身节相似,但尺寸略大,拱圈与洞身管节相同。抬高管节的净孔高为（215+50）cm＝265 cm。抬高管节的端墙的三角都做成斜面,右侧面与拱圈相交,截交线为一椭圆曲线,端墙的尺寸大小可以由图中得知,端墙顶部有一 45 cm×240 cm×20 cm 的长方形帽石,它的三面有 5 cm 的抹角。在紧靠出口的一节,也设有端墙,其形状、大小与抬高的端墙相同,仅其尺寸有所差异。

在识读洞身过程中,必须注意的是:在洞身侧,边墙顶部有一斜面,它的投影在中心纵剖视图中为两水平虚线,在平面图中为两条与中心轴线平行的粗实线,这是其外表面两交线的投影;半平面图中的曲线,是端墙及挡墙截交线（椭圆曲线）的投影;边墙的内起拱线的投影在中心纵剖面图中是位于水平虚线下方的粗实线,在半平面图中是一条与中心轴线平行的虚线。

②入口和出口。入口应结合入口正面图及 1-1 剖面图、半平面及半基顶剖面图,1-1 剖面图可以看出:基础是 T 形,厚 200 cm;左端做成台阶,分两级,分别高 100 cm、宽 30 cm;基础顶面有深 10cm 的弧形槽,如图 11-12 所示。

翼墙与横墙的形状组成分析同盖板涵。帽石位于翼墙和横墙顶部,形状与尺寸同盖板涵。

出口形状与入口一样,仅仅是尺寸不同,读者可自行分析。

③锥体护坡和沟床铺砌。从中心纵剖视图、入口正面图和出口正面图中可以看到锥体护坡和沟床铺砌的构造。锥体护坡是 1/4 椭圆锥体,顺路基边坡的坡率为 1:1.5,顺横墙面的坡率为 1:1。出、入口外的锥顶高度由路基边坡与横墙端面的交点确

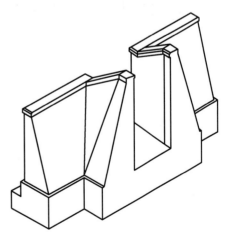

图 11-12　入口构造

定。沟床铺砌由出、入口起延伸到锥体护坡之外,其端部砌筑垂裙,具体尺寸另有详图表示。

学习任务二　涵洞工程图 CAD 绘制

工作任务:

阅读图 11-5 盖板箱涵工程图,思考绘制图样的要领和方法,用 AutoCAD 2014 绘制并出图打印。

任务引导:

(1)加强盖板涵工程图识读,进一步了解各视图之间的关系,弄清各部分的构造与尺寸,重点注意出、入口的情况。本图比例 1∶100,单位 cm。

(2)涵洞总体长度采用了折断省略表示方法,折断符号的表示位置要合理,绘制要符合国家制图标准。

(3)对于一些尺寸很小的局部构造,如帽石抹角、错台、沉降缝、砂浆垫层等,它们的轮廓位置线之间的距离要适当调整,才能保证图样打印后,出图效果轮廓清晰,便于阅读。

(4)涵洞图中的剖断面图上,要表达出涵洞各构造处的材料情况,采用 AutoCAD 2014 中的"填充"命令时,要注意以下几个细节。

①材料图例的样式选择要合适,"ANSI31"表示常用材料,"ANSI32"表示金属材料,"AR-CONC"表示混凝土材料,"AR-SAND"表示砂浆材料,"GRAVEL"表示毛石材料。

②不同的材料图例样式,要配合不同的样式比例。注意调整填充比例,以保证图面上展示出清晰的图例符号。

③相同构造部位的材料图例表示要方向一致、间距相同;不同构造部位的材料图例表示可以采用方向相反、调整间距大小来作出区别。

④防水层材料图例可以不按照构造上实际厚薄尺寸绘制,但要保证材料图例在打印出图后,展示不小于 1 mm。

⑤大范围的填充区域,可以借助辅助线,把大区域分割成若干个小区域,然后进行逐个填充。

(5)图样中的非圆曲线采用"样条曲线"命令来绘制,可以保证线条的精准度并且易修改。

项目十二　隧道工程图

学习目标

通过对本项目的学习,应了解隧道洞门图、衬砌图、避车洞图的内容及特点,能够识读和绘制隧道工程图。

学习任务一　隧道工程图识读

工作任务:

阅读隧道工程图的相关资料,书写学习笔记,查询收集有关隧道工程的信息,制作并打印出 4~6 张的 PPT,与学习笔记整理在一起。

任务引导:

(1)提取并解释 10 个与隧道工程图相关的关键词;

(2)分别阐述隧道洞口图、衬砌图、避车洞图、钢筋布置图、支护工程图的阅读内容,阐述项目的标题自行拟定;

(3)制作与隧道工程图学习相关的 PPT,题目自定,要求主题鲜明,内容准确,图文并茂,版面新颖美观,每组派代表进行学习汇报;

(4)学习笔记采用 A4 纸张竖向书写与装订;

(5)标题设置与文字表达条理清晰,段落表达格式规整,字体大小适中美观;

(6)PPT 采用 A4 纸张以一页两张的形式打印,与学习笔记一同装订。

铁路隧道是铁路线路用来克服山岭高程障碍或渡江过海而修建的地下、水下的工程建筑物。铁路上为什么要修这么多隧道呢? 简单地说,就是要让铁路线成为一条合理的捷径,修建过程中能减少土石方工程,修建完成后能保证列车的平稳行驶。所以,铁路一进入山区,在遇到高山等障碍时,往往是凿通高山,修建隧道,让火车穿山而过。另外,隧道还可以使铁路线路在江河甚至海峡等处从水下通过,避免修建桥梁而妨碍大型船舶通航。

铁路隧道的主要部分是洞门和洞身(衬砌),此外还有避车洞、防水设备、排水设备、通风设备等,如图 12-1 所示。

图 12-1　隧道

知识点一　隧道洞门图

一、隧道构造

隧道构造由以下几部分组成。

1. 洞门

洞门位于隧道出、入口处,由端墙、翼墙及端墙背部的排水系统所组成,用来保护洞口土体和边坡稳定,排除仰坡流下的水,如图 12-2 所示。

2. 洞身

洞身是隧道结构的主体部分,是列车通行的通道。为防止洞身围岩变形或坍塌,沿隧道洞身周边用钢筋混凝土等材料修建的永久性支护结构,称为衬砌。衬砌由拱圈、边墙、托梁和仰拱组成,拱圈位于坑道顶部,呈半圆形,为承受地层压力的主要部分;边墙位于坑道两侧,承受来自拱圈和坑道侧面的土体压力,分为直边墙和曲边墙两种;托梁位于拱墙和边墙之间,用来支承拱圈,防止拱圈底部挖空时发生松动开裂;仰拱位于坑底,形状与一般拱圈相似,但弯曲方向与拱圈相反,用来抵抗土体滑动和防止底部土体隆起。图 12-3 为洞身衬砌断面图。

3. 附属建筑物

附属建筑物包括为工作人员、行人及运料小车避让列车而修建的车洞,为防止和排除隧道漏水或结冰而设置的排水沟和盲沟,为机车排出有害气体的通风设备,电气化铁道的接触网、电缆槽等。

二、隧道洞门类型

根据洞口地形和地质条件,可采用的洞门结构类型有端墙式、柱式和翼墙式,如图 12-4 所示。

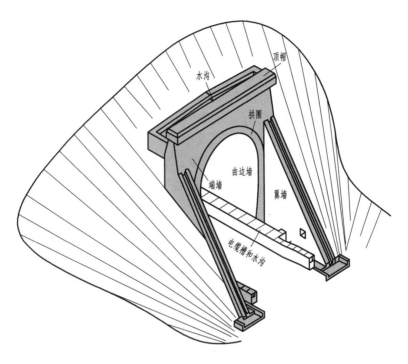

图 12-2　隧道洞门

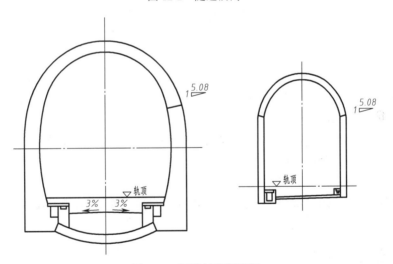

图 12-3　洞身衬砌断面图

图 12-4　隧道洞门的种类

下面以翼墙式洞门(见图 12-2)为例,说明隧道洞门的构造组成。

翼墙式洞门主要由洞门端墙、翼墙和排水系统组成。

端墙用来保证仰坡稳定,并使仰坡上的雨水和落石不致掉到轨道上,以 10:1 的坡率向洞身方向倾斜。在端墙顶的后面有端墙顶水沟,沟的两端有挡水的短墙。在端墙上有顶帽。端墙的中下部是洞口衬砌。

翼墙用来支撑端墙和路堑两边的边坡,总体形状是斜三棱柱,以 10:1 的坡率向线路两侧倾斜。翼墙上设有排除墙后地下水的泄水孔,翼墙顶设有排水沟。

洞门处排水系统的构造较复杂。隧道内的地下水通过排水沟流入路堑侧沟内;洞顶地表水则通过端墙顶水沟、翼墙顶排水沟流入路堑侧沟。

三、隧道洞门图的图示方法

表达隧道洞门各部分的结构形状和大小的图样叫做隧道洞门图。下面以图 12-5(见书后插页)所示的翼墙式隧道洞门为例,说明隧道洞门图的表达内容。

1. 正面图

正面图是沿线路方向对隧道门进行投影而得到的视图,用于表示洞门衬砌的形状和主要尺寸、端墙的高度和长度、端墙与衬砌的相互位置,以及端墙顶部水沟的坡率、翼墙倾斜度、翼墙顶部排水沟与端墙顶部水沟的连接情况、洞内排水沟和电缆槽的位置及形状等。

2. 平面图

平面图主要表示洞门处排水系统和电缆槽的分布情况。排水系统和电缆槽的详细情况另有详图表示。

3. 1-1 剖面图

侧面图采用沿隧道中心线剖切的 1-1 剖面图,用来表示端墙的厚度和倾斜度(10:1)、端墙顶水沟的断面形状和尺寸、翼墙顶排水沟的坡率和仰坡的坡率(1:0.75)等。

4. 2-2 和 3-3 断面图

两个断面图分别用来表示翼墙的厚度、翼墙顶部排水沟的断面形状和尺寸、翼墙的倾斜度、翼墙基础和底部水沟的形状和尺寸等。

5. 排水系统详图

为了表明各排水沟的详细构造与做法,隧道内外水沟的连接等,需绘制其详图,如图 12-6、图 12-7 所示。

四、隧道洞门图识读

下面以图 12-5(见书后插页)和图 12-6、图 12-7 为例,进行隧道洞门图识读方法和步骤的介绍。

1. 了解标题栏和附注说明的内容

由图名可知,图 12-5 所示是单线电气化铁路翼墙式隧道洞门图。绘图的比例表示在标题栏中(1:100,尺寸单位为 mm)。在附注说明中,对该隧道洞门的各部分提出了材料要求和施工注意事项。

2. 了解隧道洞门所采用的表达方法

如图 12-5 所示,表达洞门共用 2 个基本视图(正面图和平面图)、一个剖面图(1-1)、2 个断面图(2-2 和 3-3),其中 1-1 剖面图的剖切位置和投射方向表示在正面图中,2-2 和 3-3 断面图的剖切位置表示在 1-1 剖面图中。排水沟详图见图 12-6 和图 12-7。

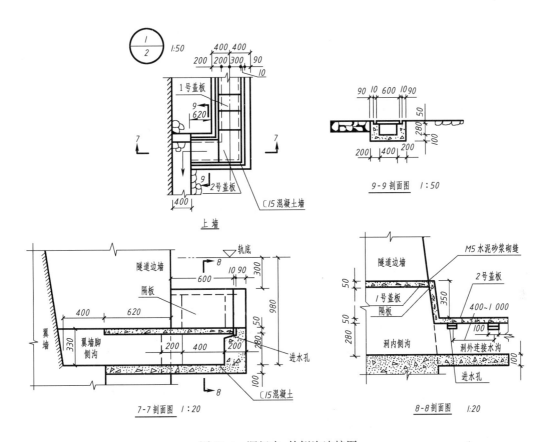

图 12-6　洞门内、外侧沟连接图

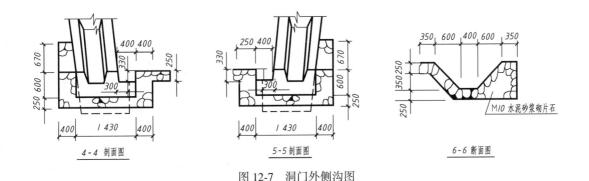

图 12-7　洞门外侧沟图

3. 识读隧道各部分形状和尺寸

（1）端墙和端墙顶水沟

从正面图和 1-1 剖面图中可以看出,洞门端墙靠山坡倾斜,倾斜度为 10∶1。端墙长度为 10 260 mm,墙厚在水平方向为 800 mm。墙顶上设有顶帽,顶帽上部的前、左、右三边均做成高度为 100 mm 的抹角。墙顶背后有水沟,由正面图中的虚线可知水沟是从墙的中间向两旁倾斜的,坡率为 5%。结合平面图可以看出,端墙顶水沟的两端有厚度为 300 mm、高度为

2 000 mm 的短墙,其形状用虚线表示在 1-1 剖面图中。沟中的水通过埋设在端墙内的水管流到翼墙顶部的排水沟内。

由于端墙顶水沟靠山坡一侧的沟岸是向两边倾斜的正垂面,所以它与洞顶仰坡相交产生两条一般位置的直线,在平面图中最后的两条斜线就是这两条交线的水平投影。由于水沟边墙上表面及沟底都是向两边倾斜的正垂面,所以这些倾斜平面的交线也是正垂线,其水平投影与隧道中线重合。水沟靠山坡一侧的沟壁是铅垂的,靠洞口一侧的沟壁是倾斜的,但此沟壁不能做成平面,如果它是一个倾斜平面,则水沟的沟底向两侧越来越窄,为了保证沟底的宽度不变(600 mm),工程上常将此沟壁做成双曲抛物面。图 12-8 为端墙、顶帽和端墙顶部水沟的轴测图。

(2)翼墙

由正面图和平面图看出,翼墙在端墙的前面,线路两边各一堵,分别向路堑两边的山坡倾斜,坡率为 10∶1。结合 1-1 剖面图可以看出,翼墙形状是一个三棱柱。从 2-2 断面图中可以了解到翼墙的厚度、基础的厚度和高度,以及墙顶排水沟的断面形状和尺寸。由平面图可知翼墙墙脚处有翼墙脚侧沟,侧沟的断面形状和尺寸由 3-3 断面图表示。1-1 剖面图还表示了翼墙内的泄水孔(尺寸为 100 mm×150 mm),用于排除翼墙背面的积水。图 12-9 为翼墙的轴测图。

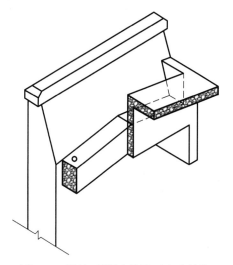

图 12-8　端墙、顶帽和端墙顶水沟结构

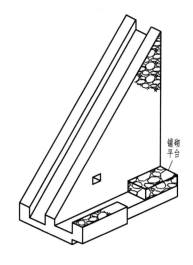

图 12-9　翼墙的轴测图

(3)侧沟

从图 12-5 的平面图中只能知道排水系统的大概情况,其详细形状和尺寸、连接情况等,由图中的详图索引 1/4 可知,需另见图 12-6 和图 12-7。

图 12-6 中 1/2 号图,是根据图 12-5 的平面图上索引部位绘制的 1 号详图,该详图虽然采用了较大的比例(1∶50),但由于某些细部的形状、尺寸、材料和连接关系仍未表达清楚,故又在 1 号详图上作出 7-7、9-9 剖面图,并用更大的比例(1∶20)画出。

从图 12-6 中 1/2 号详图可知,洞内侧沟的水是经过两次直角转弯才流入翼墙墙脚处的排水沟。从 7-7、8-8 剖面图可知,洞内、外侧沟的底面是平的,但洞内侧沟边墙较高,洞外侧沟边墙较低。边墙高度在 7-7 剖面图中示出。内外侧沟顶上均有盖板覆盖。在洞口处边墙高度变化的地方，为了防止道砟掉入沟内，用隔板封住，这在 8-8 剖面图中表示得最为清楚。在洞外侧沟的边墙上开有进水孔，进水孔的间距为 400～1 000 mm。9-9 剖面图表示了洞外水沟横断面的形状和尺寸。

图 12-7 中各图的剖切位置，在图 12-5 的平面图中已示出。4-4 和 5-5 剖面图分别表明左、右翼墙端部水沟的连接情况。从图 12-5 的平面图和这两个剖面图可知，翼墙顶排水沟排下的水和翼墙脚处侧沟的水，先流入汇水坑，然后再从路堑侧沟排走。6-6 断面图表示了路堑侧沟的断面形状。

知识点二　隧道衬砌图

铁路隧道是地下建筑物，其洞内衬砌主要承受围岩的压力，因此洞内衬砌根据围岩的不同而采用不同的结构类型。用横断面图来表示洞内衬砌的图称为隧道衬砌断面图。图 12-10 是直边墙式隧道衬砌断面图，底部左侧有排水沟，右侧为电缆沟，单位为 mm。

由图 12-10 可知，两侧边墙基本上是长方体，只是墙顶面有 1∶5.08 的坡率，此坡面也称拱圈的起拱线，应通过相应的圆心。墙厚均为 400 mm，左边墙高（1 080＋4 350）mm＝5 430 mm，右边墙高度为（700＋4 430）mm＝5 130 mm。拱圈由 3 段圆弧组成，顶部一段在 90°范围内，其半径为 2 220 mm，其他两段在圆心角为 33°51′范围内，半径为 3 210 mm，圆心分别在离中心线两侧 700 mm 处，高度离钢轨顶面 3 730 mm，3 段圆弧相互间圆滑连接。钢轨以下部分为线路道床，其底面以 3% 的坡率斜向侧沟一边，以利排水。隧道衬砌断面总宽度为 5 700 mm，总高度为 8 130 mm。

近年来，随着高速铁路的飞速发展，考虑到车速对周围墙体的影响，很多高速铁路隧道的洞身改为曲边墙式，如图 12-11 所示。

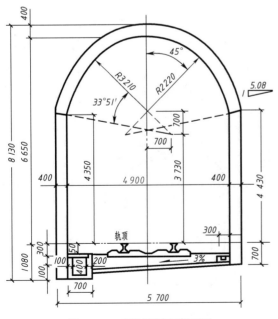

图 12-10　直边墙衬砌断面图

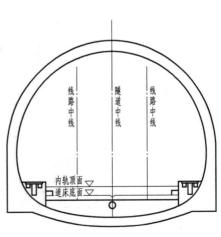

图 12-11　曲边墙衬砌断面图

知识点三　隧道避车洞图

隧道内有大、小两种避车洞，是供维修人员和运料小车避让列车用的，大避车洞还可堆放一些必要的维修材料和工具，它们沿线路方向交错设置在隧道两侧的边墙上。通常每侧相隔 300 m 设置一个大避车洞，在每侧大避车洞之间每间隔 60 m 设置一个小避车洞。

如图 12-12 所示，大、小避车洞位置图表示隧道内大、小避车洞交错设置的情况，单位为 cm。由于隧道纵向尺寸比横向尺寸大得多，因此为节省图幅，纵、横方向可采用不同的比例，如纵向常用 1:2 000，横向常用 1:200。

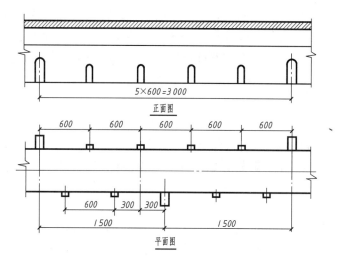

图 12-12　大、小避车洞位置示意图

大、小避车洞详图用于表示大、小避车洞的详细形状、构造和尺寸等。由图 12-13 可知，小避车洞宽 2 000 mm，深 1 000 mm，中心高 2 200 mm。大、小避车洞均用混凝土衬砌；由图 12-14 可知，大避车洞宽 4 m，深 2 500 mm，中心高 2 800 mm。

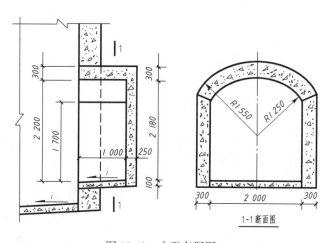

图 12-13　小避车洞图

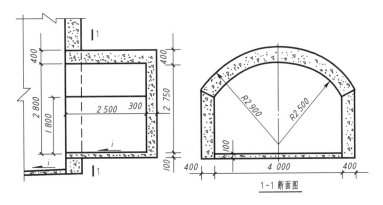

图 12-14　大避车洞图

知识点四　曲墙式斜切洞口隧道工程图识读

传统铁路隧道洞门形式有端墙式、翼墙式、柱式等,这些洞门形式对地貌及地表植被破坏较大,不利于目前所倡导的环境保护要求。同时,隧道建筑形式与周围环境协调性差,也不利于减轻高速列车通过隧道时在洞口形成的微气压波,微气压波会对洞口周边环境和建筑物造成一定不利影响。采用曲墙式斜洞口可减轻微气压波的影响,如图 12-15 所示。

图 12-15　曲墙式斜切洞口

曲墙式斜切洞口,即在洞口衬砌斜切面周边设置帽檐或环框,使斜切面与地表坡率协调,并减小洞口开挖量的一种绿色环保洞门。斜切式洞门立体视图如图 12-16 所示,现场模板外形及混凝土施工如图 12-17 所示。

下面以图 12-18(见书后插页)所示为例,介绍斜切式洞门隧道工程图识读。

一、隧道洞门图的识读

图 12-18 为贵广线某标段单洞双线 250 km/h(预留提速空间)客运专线隧道等环宽斜切式洞门图。结合正面图、平面图、洞口剖面图可以看出,洞门是将曲墙式明洞衬砌剖切后加设环框形成的。洞门主视图顶部为左、右对称的圆弧形,其最外半径为(647 + 60 + 70)cm = 777 cm,厚度为(60 + 70)cm = 130 cm。回填护坡及帽檐胸坡坡率均为 1∶1。

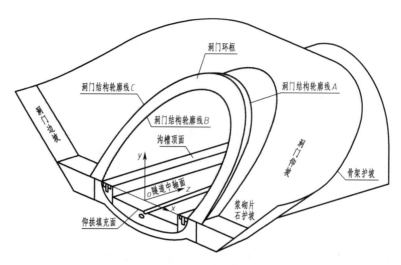

图 12-16　斜切式洞门立体视图

图 12-17　现场模板外形及混凝土施工

　　为使洞门更加美观,并防止坡面异物坠落至线路影响行车安全,在洞口顶部修筑了一道高
60 cm、顶宽 53 cm、厚 80 cm 的环框。环框与仰坡、护坡间形成了 10.6 cm 宽的环沟,可防止仰
坡汇水流入隧道。为改善隧道底部受力并提供中心排水管设置空间,于底部修筑了厚度为
70 cm 的仰拱。洞外水沟采用 2% 反坡排水。隧底填充采用 C20 混凝土。洞门斜切段与延伸
段结构采用同种材料整体灌注,明洞衬砌与暗洞衬砌之间设置一道宽 2 cm 的变形缝。明挖洞
门段长 1 400 cm。

　　从图 12-18 中的 1—1 剖面图可以看出,洞口里程为沟槽顶面与洞斜切面的交点。在隧
道仰拱内纵向设置了 $\phi400$ mm 中心管沟;在仰拱填充面铺设半个 $\phi80$ mm 硬质 PVC 管,以
收集道床积水,排至检查井。洞口检查井左右各铺设 4 根 $\phi300$ mm,管壁厚 30 mm 的排水
管,将水引入洞外汇水池,通过洞外路基侧沟排出。隧道中线处仰拱填充厚度为(216−74)cm =
142 cm。$\phi400$ mm 中心管底至仰拱内顶面的高度为(216+30−200)cm = 46 cm。隧道内设置了
双侧排水沟及电缆槽,并分别设置钢筋混凝土盖板,沟内汇水亦排至洞外汇水池,之后排至路
基侧沟。

二、洞门断面图的识读

下面以图 12-19 所示的 2-2 洞门断面图(位置参见图 12-18)为例进行讲解。从图上可以看出隧道洞门断面的内轨顶面到排水沟及电缆沟槽顶面距离为 30 cm,内轨顶面到仰拱填充面与电缆沟槽侧墙交点的距离为 74 cm,排水沟及电缆沟槽宽度为 160 cm。仰拱内顶面到钢轨顶面(即图中水平线上)高度为 216 cm。

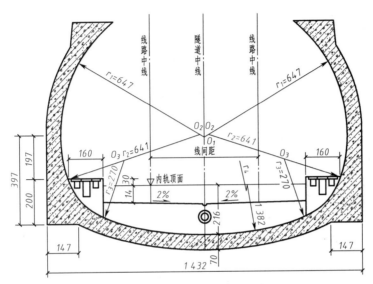

图 12-19　2-2 洞门断面图

在图 12-20 所示的 3-3 洞门断面图(位置见图 12-18)中可以看出,隧道洞门外侧墙之间总的宽度为 1 432 cm,帽檐的高度为 80 cm,墙底面到 O_2 圆心高度为 397 cm。

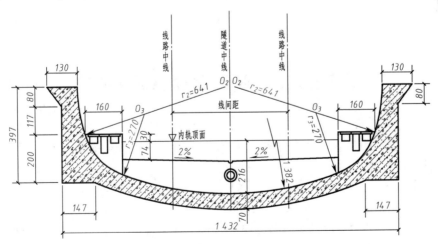

图 12-20　3-3 洞门断面图

三、洞身衬砌断面图的识读

下面以图 12-21 所示的隧道洞身断面图为例,并结合横断面图进行讲解。从图 12-21 上可以看出,衬砌的厚度为70 cm(见图12-18中的1-1剖面),隧道拱墙内轮廓断面由3段圆弧组成,各圆心的位置及弧线长度均可从图上找到,分别是 $r_1 = 647$ cm 的一段,圆心夹角为120°00′00″;$r_2 = 641$ cm 的两段,圆心夹角为47°53′55″;两条线路中心线之间的间距为(235+235)cm=470 cm。

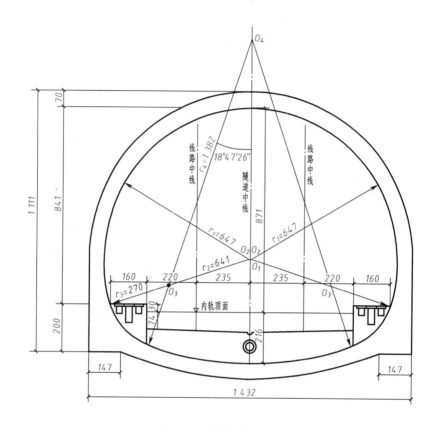

图12-21 隧道洞身断面图

学习任务二 隧道工程图CAD绘制

工作任务:

阅读图12-22所示的铁路隧道明洞衬砌图,思考绘制该图样的要领与方法,用Auto CAD 2014绘制并出图打印。

任务引导:

(1)隧道工程图宜采用1:50或1:100的比例绘制;

(2)只要将洞口各曲线段的定位尺寸与半径信息阅读清楚,应用好Auto CAD2014二维绘图命令,做好定点方法的操作,就可以绘制出几何关系准确的隧道衬砌断面图;

(3)对于隧道衬砌断面图的尺寸标注,应在Auto CAD2014里按规范设置好线性标注、角度标注和径向标注的尺寸样式,要做到标注准确,标注位置合理清晰。

(4)对于隧道工程图中的表格,外框边应用粗实线,分格线应用细实线,行高设计应为8 mm,表格内汉字应采用3.5号字注写,数字应采用2.5号字注写。

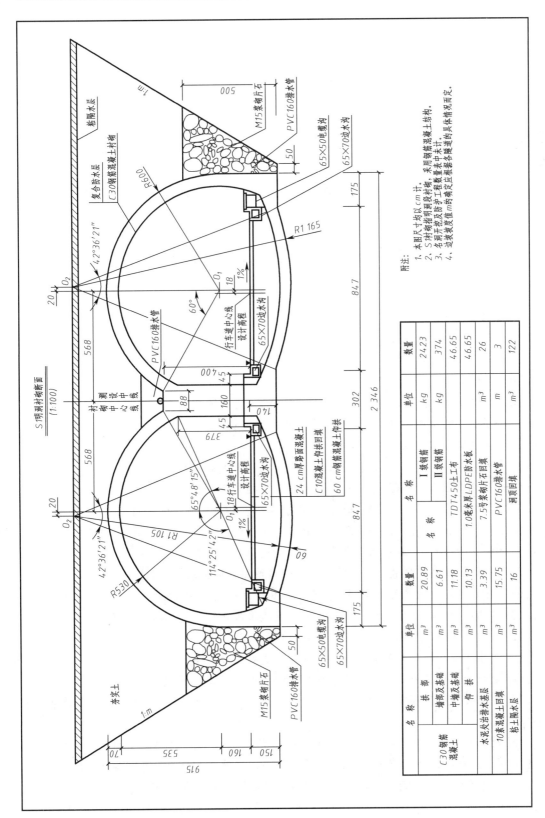

图 12-22 隧道明洞衬砌图

项目十三　建筑工程图

学习目标

通过对本项目的学习,应能识读建筑施工图和结构施工图的图示内容,掌握其阅读与绘制方法。

学习任务一　建筑工程图识读

工作任务:

(1)认识房屋建筑,了解房屋构造的组成,描述它们的作用;

(2)识读建筑施工图;

(3)识读结构施工图。

任务引导:

通过认识房屋建筑、识读建筑施工图和结构施工图,回答下列问题。

(1)房屋建筑的构造组成有哪些? 各自的作用是什么?

(2)房屋建筑施工图纸都包括哪些?

(3)房屋建筑施工图纸在阅读时是怎么利用、互相渗透的?

(4)建筑施工图都包含哪些方面,各自表达了哪些内容?

(5)建筑施工图与以前学习的三面投影有联系吗? 各自比例通常采用多少?

(6)建筑平面图是怎样形成的,总共需要绘制几个图,各自图示内容分别有什么?

(7)建筑立面图都有哪些,结合书上的例图说说识读的步骤是怎样的?

(8)建筑详图是怎样形成的? 通常在哪些部位要用详图来表示,为什么?

(9)常见的建筑结构类型都有哪些? 常见的建筑结构构件都有哪些?

(10)结构施工图的作用是什么? 工程常用表达手法在结构施工图中都有哪些应用?

(11)结构平面图包含哪些方面? 具体都有哪些内容?

(12)房屋建筑基础形式都有哪些? 基础施工图都包含哪些内容?

(13)受力柱钢筋骨架都有哪些钢筋? 各自的作用是什么?

(14)现浇梁内部都有哪些钢筋? 名称分别是什么? 各自作用是什么? 在图上是怎样表示的?

(15)现浇柱内部都有哪些钢筋? 名称分别是什么? 在图上是怎样表示的?

(16)平面整体表示方法有哪些优点? 梁、板、柱的平面整体表示都有哪些具体方法?

每一幢建筑在使用功能、外形大小、平面布局以及材料和做法等方面都有所差异,且具有各自的特点。通常将其划分为:工业建筑(厂房、仓库、动力间等)、农业建筑(谷仓、饲料场、拖拉机站等)以及民用建筑。

　　图 13-1 为某招待所房屋的基本组成示意图。这幢房屋是由钢筋混凝土构件和砖墙承重混合结构组成的。屋顶和外墙构成了整个房屋的外壳,用来防止雨雪、风沙对房屋的侵袭,是房屋的围护结构;楼面用于承受人、家具、设备的重量,同时起到分隔上、下层的作用;墙(或柱)要承受风力和上部荷载,这些重量及自重都要通过基础传到地基上。屋面、楼面、墙(或柱)、基础等共同组成了房屋的承重系统。

　　内墙把房屋内部分隔成不同用途、不同大小的房间及走廊,起分隔作用,有的还起承重作用;楼梯是室内上下垂直交通联系的结构;门除了起到沟通室内、外房间的交通联系外,还和窗一样有采光和通风的功能。

　　天沟、落水管、散水等起排水作用。

　　墙裙、踢脚、勒脚起保护墙身、增强美观的作用。

　　将拟建房屋的总体布局、外部造型、内部布置、细部构造、内外装饰、固定设施和施工要求详细准确地表达的图样,称为"房屋建筑图",是用以指导施工的一套图纸,所以又称为"房屋建筑施工图",是房屋施工放线、砌筑、安装门窗、室内外装修、编制施工概预算及施工组织设计的主要技术依据。

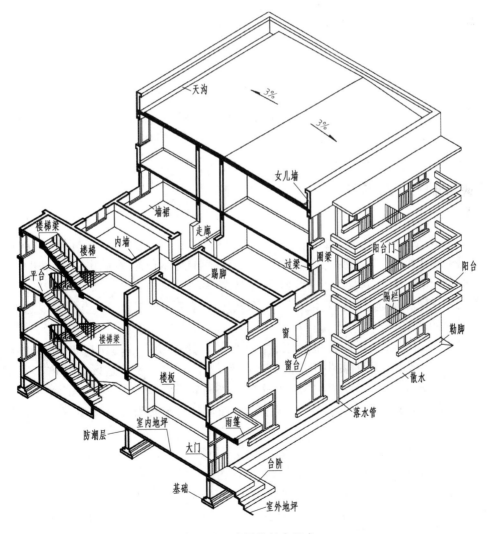

图 13-1　房屋的基本组成

一套完整的房屋建筑施工设计图根据专业内容或作用的不同,可分为如下几类。

(1)图纸目录:列出了全部图纸的名称、张数、编号。先列出新绘的图纸,后列出所选用的标准图纸或重复利用的图纸。

(2)设计总说明(即首页):说明建筑工程的概况和设计依据,包括建筑标准、荷载等级、抗震要求、建筑面积、工程造价等;说明主要施工技术、有关结构的材料使用及做法等;列出该建筑所用门窗的编号、规格和数量统计表;说明采暖通风及照明要求等;给出该建筑的相对高程与绝对高程的对应关系。

(3)建筑施工图(简称建施):用以反映建筑的内外形状、大小、布局、构造和所用材料等情况,包括建筑总平面图、建筑平面图、建筑立面图、建筑剖视图和建筑构造详图。

(4)结构施工图(简称结施):用以反映建筑承重构件的布置、形状、材料、大小以及结构构件等情况,包括结构设计说明、结构平面布置图、结构详图平面布置图和各构件的结构详图。

(5)设备施工图(简称设施):用以反映各种设备、管道和线路的布置、走向以及安装要求等,包括给水排水工程图、采暖通风工程图、电气工程图。

知识点一　建筑施工图

一、建筑设计总说明

建筑设计总说明,主要说明设计的依据、施工要求及不便用图样表达而又必须说明的事项。对于一些构造的用料、做法等,也可作一些具体的说明,以便施工人员对工程结构、构造和整体技术要求有一个大概的了解。

二、建筑总平面图

1. 建筑总平面图的特点

在画有等高线或加上坐标方格网的地形图上,画上原有和拟建房屋的轮廓线,即为建筑总平面图,如图 13-2 所示。它表明了新建房屋所在范围内的总体布置,反映出新建房屋、构筑物等的平面形状、位置、朝向以及与周围地形、地物的关系。

建筑总平面图是新建房屋及其设施施工定位,土方施工和绘制水、暖、电等管线总平面图和施工总平面图的依据。

因建筑总平面图所包括的范围较大,所以绘制时都用较小的比例(如 1∶2 000、1∶1 000、1∶500)。故在总平面图中常用图例表明新建区、扩建区及改造区的总体布置,表明各建筑物、构筑物的位置,表明道路、广场及绿化等的布置情况,以及各建筑物的层数等。建筑总平面图图例如表 13-1 所示。若需要增加新的图例,则必须在总平面图中绘制清楚,并注明名称。

2. 建筑总平面图的识读

图 13-2 为某校招待所的建筑总平面图,识读该图时应注意以下几点。

(1)先看标题栏,了解工程的名称及其绘图比例。图 13-2 所采用的绘图比例为 1∶500。图中用粗实线画出了该招待所底层的平面轮廓图形,用中实线画出了原有建筑物的平面图形,如食堂、浴室、教学楼等。在平面图形内的右上角,用小黑点数表示房屋的层数。

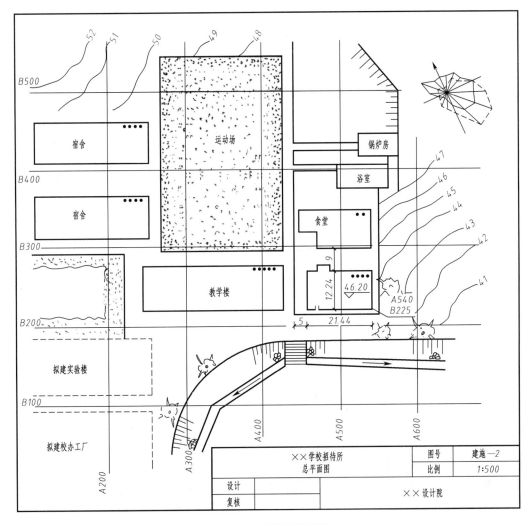

图 13-2　建筑总平面图

表 13-1　建筑总平面图图例

序号	名　称	图　例	说　明	序号	名　称	图　例	说　明
1	新建的建筑物		1. 上图为不画出、入口的图例，下图为画出、入口的图例。 2. 需要时可在图形内右上角以点数或数字（高层宜用数字）表示层数。 3. 用粗实线表示	2	原有的建筑物		1. 应注明拟利用者。 2. 用中实线表示
				3	计划扩建的预留地或建筑物		用中虚线表示

序号	名　称	图　例	说　明	序号	名　称	图　例	说　明
4	坐标	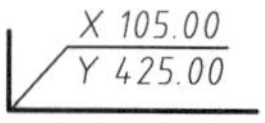 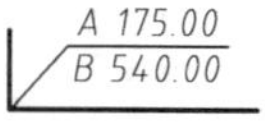 X 105.00 / Y 425.00 A 175.00 / B 540.00	上图表示测量坐标,下图表示施工坐标	10	桥梁		1. 上图为公路桥,下图为铁路桥。 2. 用于旱桥时,应加注明
5	填土边坡		边坡较长时,可在一端或两端局部表示	11	针叶灌木及修剪的树篱		
6	洪水淹没线	------	阴影部分表示淹设区,在底图背面涂红	12	草地		
7	室内标高	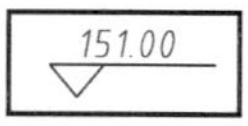 ▽ 151.00	标高符号为等腰直角三角形,细实线绘制	13	指北针		1. 圆的直径为 24 mm,用细实线绘制。 2. 指北针尾部宽度宜为 3 mm
8	室外标高	 ▼ 143.00	等腰直角三角形,高约 3 mm				
9	涵洞、涵管		1. 上图为道路涵洞、涵管,下图为铁路涵洞、涵管。 2. 左图用于比例较大的图面,右图用于比例较小的图面	14	风向频率玫瑰图		虚线为夏季风向

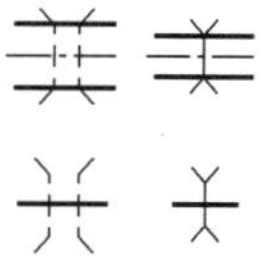

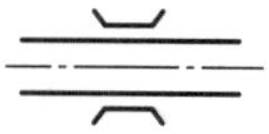

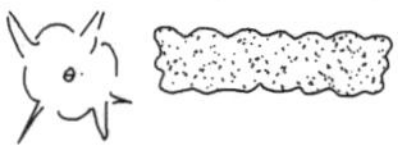

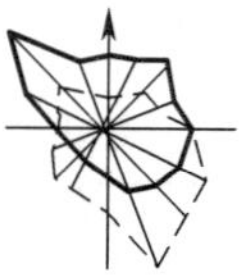

（2）明确拟建房屋的位置和朝向。为了保证房屋在复杂地形中定位放线准确,总平面图中常用坐标表示房屋的位置。如果建筑总平面图中没有坐标方格网,则可根据已建房屋或道路定位。本图注出了两种定位方法。

由建筑总平面图中的风向频率玫瑰图(有时也单独画出指北针)可以确定房屋的朝向,如该招待所为西南朝向,且该地区的风向常年为西北风和东南风。

（3）从建筑总平面图中,还可以了解该地区的道路和绿化现状以及规划情况。

（4）在建筑总平面图中,有时还画出给排水、采暖、电气等管网的情况,此时要注意看清各种管网的走向、位置,并注意它们对施工的影响。

三、建筑平面图

1. 建筑平面图的形成

建筑平面图实际上是房屋的水平剖视图(屋顶平面图除外),是假想用一水平剖切平面,沿略高于窗台的位置将整幢房屋剖切开后,对剖切平面以下部分作出的水平投影,简称平面图。它反映了房屋的平面形状、房间布置、走廊、楼梯、台阶、门窗、阳台的位置,墙(柱)的厚度,门窗的类型等。原则上,一幢房屋有多少层,就应画出多少个平面图,并在图的下方注明图名和比例。如果有若干个楼层完全相同,则这些相同的楼层可只画出一个平面图,它称为标准层平面图,也应在图的下方加以注明,如图13-3、图13-4和图13-5所示。

如建筑平面图左右对称,也可将两层平面画在同一个图上,左边画出一层的一半,右边画出另一层的一半,中间用一对称符号作分界线,并在图的下方分别注明图名。

当屋顶结构复杂时,还需绘制屋顶平面图。

2. 建筑平面图的内容及识读方法

下面以图13-3所示的底层平面图为例,说明建筑平面图的内容及其识读方法。

(1)读标题栏。从图名可以了解图13-3是某校招待所的底层平面图,绘图比例为1:100。

(2)朝向。通常在底层平面图外画一指北针符号,由图13-3可知该房屋的朝向为西南向。

(3)从平面图的形状和总长、总宽的尺寸可知,该招待所的平面形状为长方形,总长度为21.44 m,总宽度为14.11 m,占地面积约为302 m²。

(4)由底层平面图可知该房屋的底层平面布局。招待所的大门在南面左侧,门厅中有服务台、会客室。门厅对面是楼梯间、楼梯为双跑式楼梯。楼梯段的投影是按表13-2所示图例绘制的,其梯级数均为实际级数。例如,上二楼为23级,在楼梯间东侧下3级台阶通向储藏室;其右侧为厕所及盥洗间,走廊东端为活动室。

(5)了解该房屋的门窗种类和数量。一般在平面图或首页图中,都附有该房屋的门窗表,列出门窗的编号、名称、尺寸、数量及所选标准图集的编号等内容。要注意的是,门窗虽然用图例表示,但门窗洞的大小及其形式都应按投影关系画出。例如,窗洞有凸出的窗台时,应在窗的图例上画出窗台的投影。门窗立面图例按实际情况绘制。至于门窗的具体做法,则要看门窗的构造详图。可对照图、表阅读,从而了解该幢房屋的门窗布置及其种类和数量。

(6)根据图中定位轴线的编号及其间距,可以了解到各承重构件的位置和房间的开间、进深。所谓定位轴线,就是确定建筑物结构或构件位置的基准线。图13-3中对房屋的墙、柱等主要承重构件,都画出了定位轴线,并进行了编号,以便施工人员定位或查阅图纸。

(7)平面图上的外部尺寸和内部尺寸。

①外部有三道尺寸。第一道尺寸表示房屋的总长度、总宽度,即房屋的外包尺寸,如该招待所的总长度为21.44 m,总宽度为14.11 m;第二道尺寸是定位轴线尺寸,用以说明房间的开间和进深,如该招待所房间的开间为3.30 m,南边房间的进深为6.00 m,北边房间的进深为4.20 m;第三道尺寸是细部尺寸,表示各细部的位置及大小,如该招待所门窗洞宽和位置。另外,还要单独标注台阶、坡道、花池及散水等细部尺寸。

②内部尺寸。内部尺寸应注明室内的门窗洞、孔洞的宽度,墙厚和一些固定设备(如厕所、盥洗台)的大小及位置,楼地面的标高等。室内楼地面标高系相对标高,即以底层地面标高为零点(±0.000)计。在建筑施工图中,标高数值一般注至小数点后三位数字。

(8)剖切符号及详图索引符号。在底层平面图中要画出剖面图的剖切符号,如1-1、2-2等,以表示剖切位置及投影方向。

对某些局部的构造或做法,需另见详图时,在平面图中可采用详图索引符号。例如,该招待所的楼梯构件等均采用了详图索引符号。

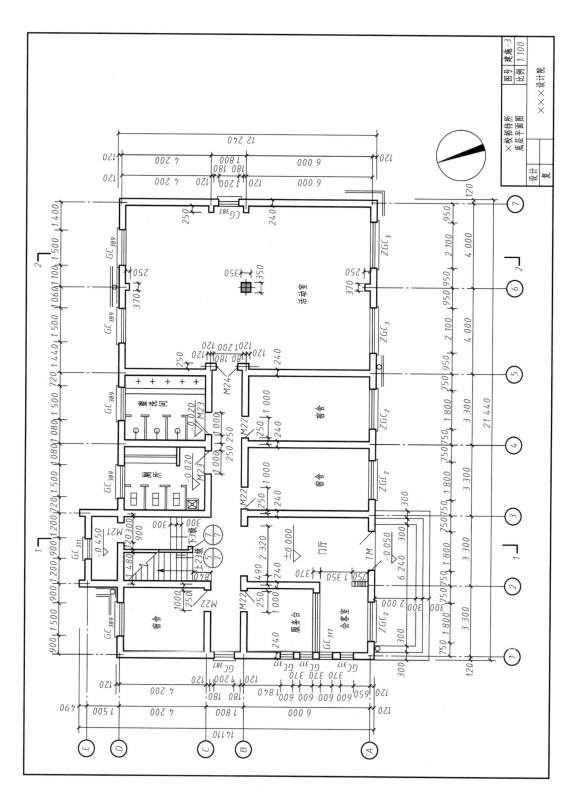

图 13-3 底层平面图

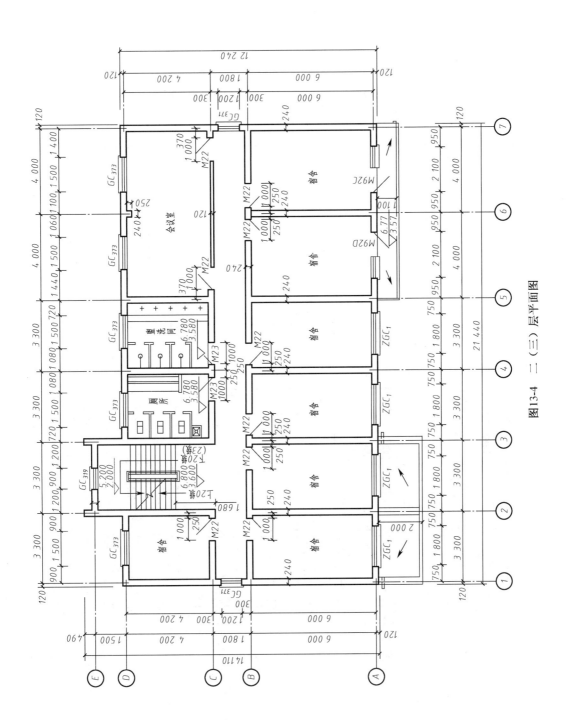

图13-4　二（三）层平面图

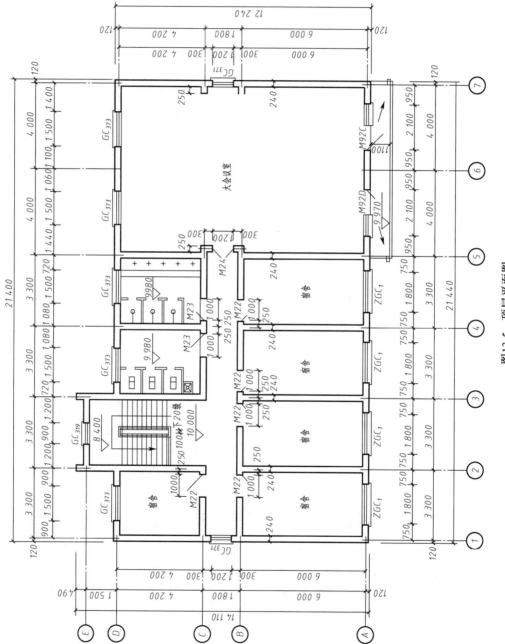

图13-5　顶层平面图

表 13-2 建筑施工图中常用的图例

名称	图例	说明	名称	图例	说明
单扇门			单层外开平开窗		
双扇门		1. 门的名称代号用 M 表示。 2. 在立面图中，开启方向线交角的一侧，为安装合页的一侧，实线为外开，虚线为内开。 3. 平面图中的开启弧线及立面图中的开启方向线，在一般的设计图中不表示。 4. 门的立面形式按实际情况绘制	双层内外开平开窗		1. 窗的名称代号用 C 表示。 2. 在立面图中，斜线表示窗的开关方向，实线为外开，虚线为内开。开启方向线交角的一侧，为安装合页的一侧，一般设计图中可不表示。 3. 在平、剖视图中的开启弧线，仅说明开关方式，在设计图中不需要表示。 4. 窗的立面形式按实际情况绘制
卷门			单层外开上悬窗	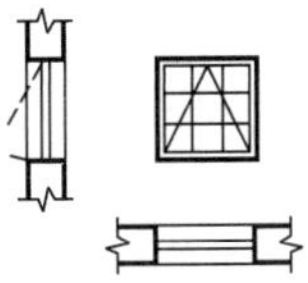	
单扇双面弹簧门 双扇双面弹簧			单层中悬窗	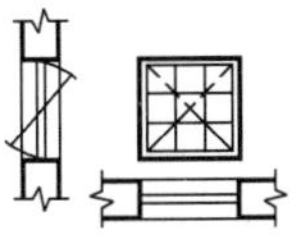	
			左右推拉窗	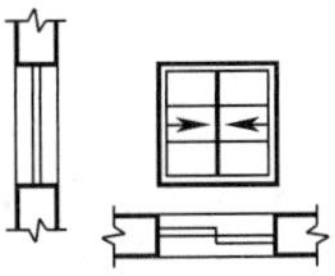	
墙中单扇推拉门			墙预留槽	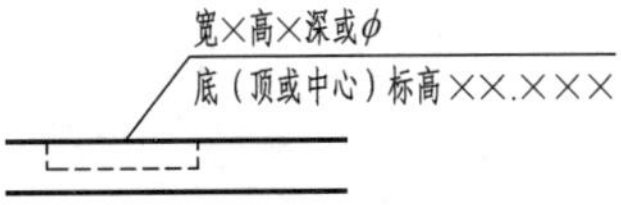 宽×高×深或φ 底（顶或中心）标高××.×××	
楼梯		1. 上图为底层楼梯平面，中图为中间层楼梯平面，下图为顶层楼梯平面。 2. 楼梯的形式及步数应按实际情况绘制	墙预留洞	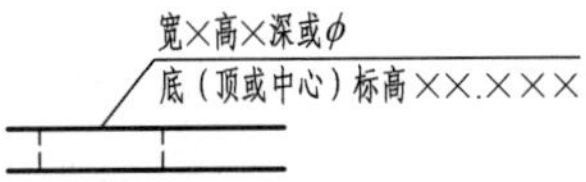 宽×高×深或φ 底（顶或中心）标高××.×××	
			孔洞		
			烟道	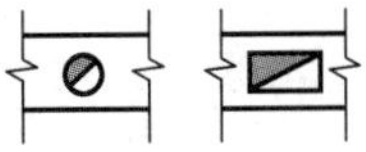	

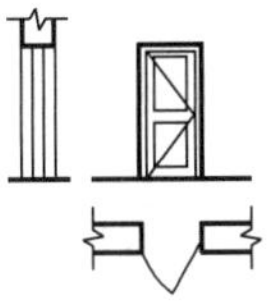

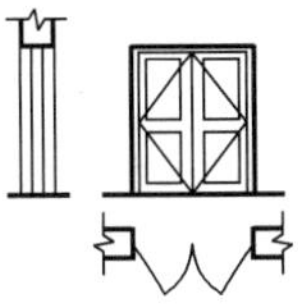

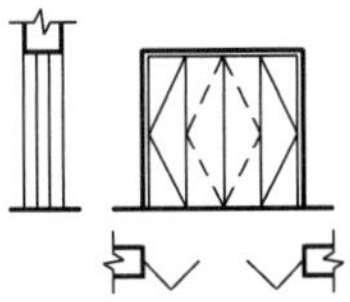

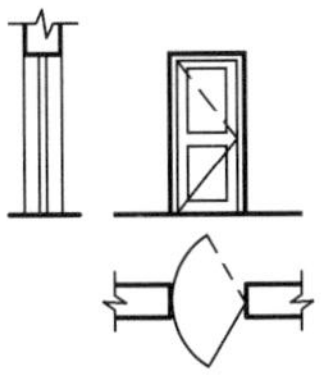

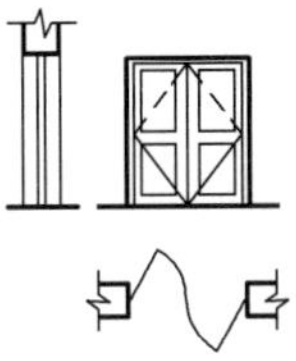

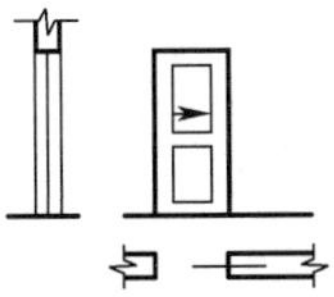

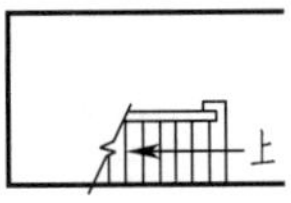

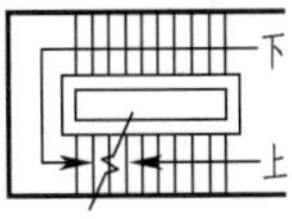

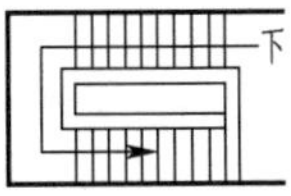

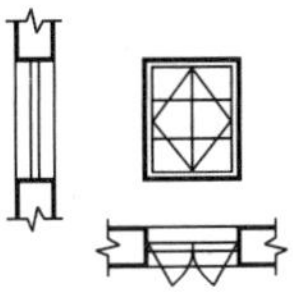

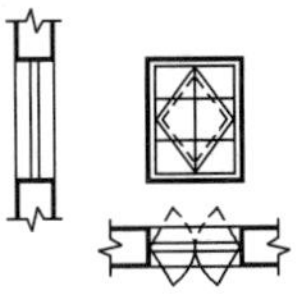

(9)从图中还可以了解其他细部和设备的配置情况,如室外的台阶、雨篷、阳台、明沟及雨水管等的布置情况,室内楼梯、墙洞、卫生设备等。

四、建筑立面图

1. 建筑立面图的形成

在与房屋立面平行的投影面上所作的房屋的正投影图,称为建筑立面图,简称立面图。其中,反映主要出入口或比较显著地反映出房屋外貌特征的立面图,称为正立面图,其余的立面图相应地称为背立面图和侧立面图。通常也可按房屋的朝向来命名,如南立面图、北立面图、东立面图、西立面图等,有时也按定位轴线的编号来命名,如图 13-6 所示①~⑦立面图、图13-7所示⑦~①立面图。

立面图主要表示房屋的外貌特征和立面装修等,如外墙上门、窗的排列,阳台、入口等的位置以及细部装修处理。

由于立面图的比例较小常用比例为 1∶50、1∶100、1∶200,因此如门、窗、扇、檐口构造,阳台栏杆和墙面复杂的装修等细部一般用图例表示,它们的构造和作法另用详图或文字说明,并习惯上对这些细部只分别画出一两个作为代表,其他只画出轮廓线。若房屋左右对称,则正立面图和背立面图也可各画一半,单独布置或合并成一图。合并时,应在图的中间画一垂直的对称符号作为分界线。

2. 建筑立面图的内容和识读方法

要想了解整幢房屋的外貌,不能孤立地从一个立面图中找答案,而应全面了解房屋的各个立面。更重要的是,还应配合有关平面图、剖面图进行识读,这样才能收到满意的效果。

下面以图 13-6 为例,说明建筑立面图的内容及其识读方法。

(1)查看标题栏。在知道该图是①~⑦立面图后,再对照图 13-3 所示的底层平面图上的定位轴线,弄清立面图和平面图的关系。①~⑦立面图是该房屋主要出入口的一面,所以也是该建筑物的主要立面。该图所选用的比例和平面图一样,为 1∶100。

(2)掌握建筑物的大概外貌,分清立面上的凹凸变化。从该招待所的①~⑦立面图中可以看出,左边有大门,其上有雨篷,下有台阶;右边二、三、四层楼设有阳台。

(3)在立面图中,窗的开启方向用细斜线表示,对于型号相同的窗,只需画出一二个即可,也可不画。门的开启方向,在平面图中已表示清楚,故在立面图中不需表示。门窗的位置、型号及数量可对照平面图进行核对。

(4)了解墙面及各部位的做法,并与首页图核对。该房屋的墙面、窗台、阳台等部位的材料和做法,均在引出线上用文字说明了。

(5)立面图上的高度尺寸主要用标高的形式标注,识读时最好与剖面图对照,以便互相核对。立面图上所注的标高中,除板底、门窗洞口为毛面标高外,其余部位均为完成面的标高,即建筑标高。一般标高注在图形外,并做到符号排列整齐、大小一致。若房屋左右对称,一般注在左侧;若不对称,则左右两侧均应标注。为了更清楚起见,可标注在图内。

(6)注意立面图上的索引标志符号,如①~⑦立面图中大门的雨篷、落水管的水斗等需另见详图,故画出了索引符号。

五、建筑剖面图

1. 建筑剖面图的形成

用一个或多个假想的垂直于外墙轴线的铅垂平面,将房屋从屋顶到基础剖开所得的投影图叫做建筑剖面图,简称剖面图,如图 13-8 和图 13-9 所示。剖面图是用来表示房屋内部的结

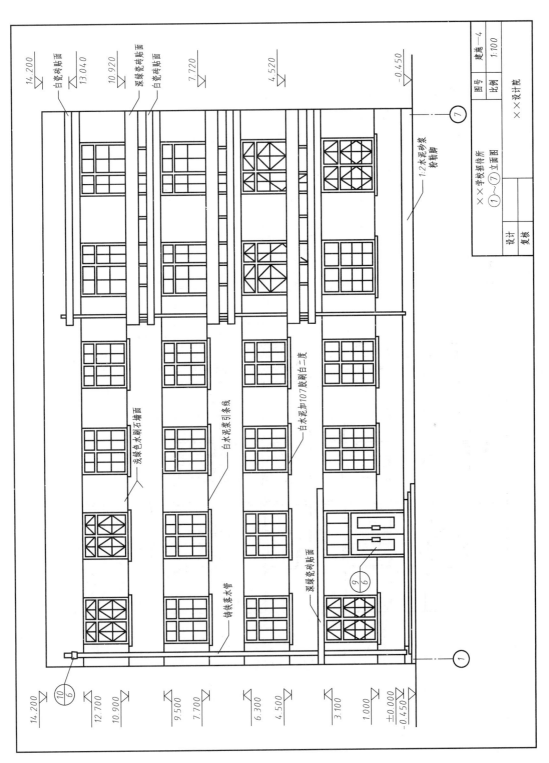

图 13-6　①～⑦立面图

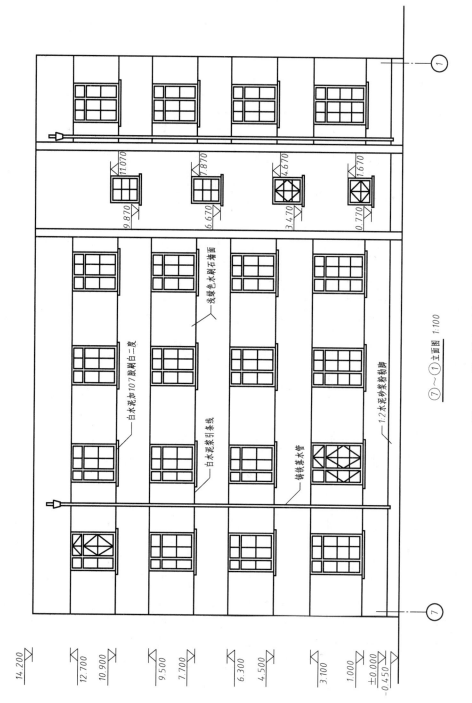

⑦～①立面图 1:100

图 13-7 ⑦～①立面图

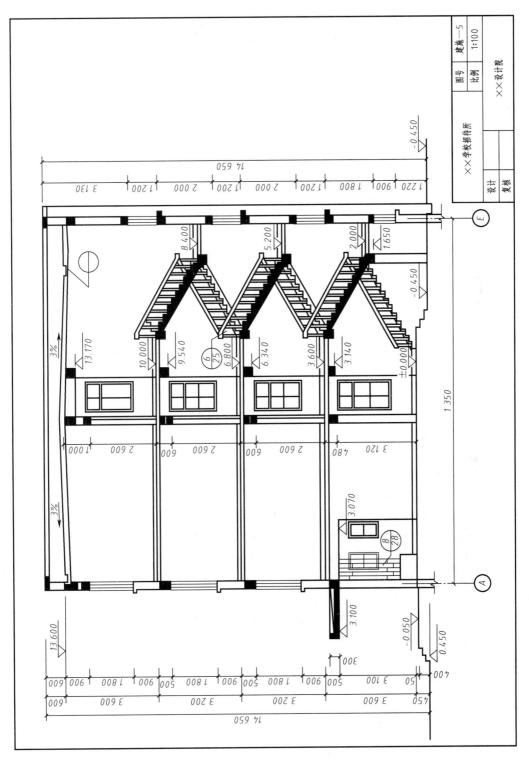

图 13-8　1-1 剖面图

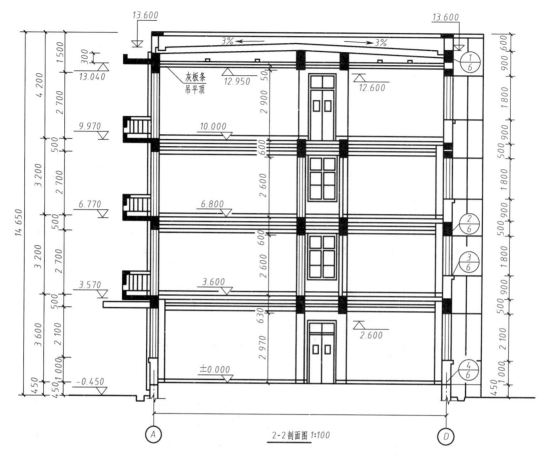

图 13-9　2-2 剖面图

构形式、分层情况和各部位的联系、材料及其高度的图样。

　　剖面图的剖切位置,应选择在房屋内部结构比较复杂与典型的部位,并应通过门窗洞口;多层房屋剖面图的剖切位置应选择在楼梯间处。从图 13-3 所示的底层平面图中可以看到,1-1 剖面图的剖切位置既通过房屋的主要出入口,又通过楼梯间及外墙窗口。当建筑物较复杂,作一个剖面不足以说明问题时,可以作多个剖面图来表达。如图 13-9 所示的 2-2 剖面图,是通过了该房屋的各层房间分隔有变化和有代表性的房间部分,它补充了 1-1 剖面图的不足,这两个剖面图结合,就能较全面地反映出招待所在竖直方向各部位的构造和相互位置关系。

　　剖面图的图名是根据平面图上的剖切符号来命名的,必须与底层平面图上所注的剖切符号一致。

　　2. 剖面图的内容和识读方法

　　平面图、立面图和剖面图是从不同方面来反映房屋构造的图样,我们在识读时应充分地注意三图之间的联系。下面以图 13-8 所示的 1-1 剖面图来说明其内容和阅读方法。

　　(1)根据图名在底层平面图(图 13-3)中找到与之相对应的剖切符号。1-1 剖面图是用位于轴线②、③之间,通过外墙 Ⓐ 、Ⓔ 的横向剖切平面,剖切后从右向左投影而得到的。剖面图的比例(1∶100)较小,图中被剖切到的钢筋混凝土构件或配件的断面难以画出材料图例,因此根据国家标准规定,可以涂成黑色。

（2）房屋的剖切是从屋顶到基础，一般情况下，剖面图不画墙柱基础，基础的构造由结构施工图中的基础图来表示。室内、外地面的层次和做法，通常由剖面节点详图或施工说明来表示，故在剖面图中只画一条特粗线。基础处的涂黑层是钢筋混凝土的防潮层。

（3）从剖面图中可以看到房屋地面至屋顶的内部构造和结构形式，根据楼层和屋面的构造说明，可知它们的详细构造情况。

由剖面图可知该房屋为四层，各层楼面设置楼面板，屋顶设置屋面板，它们搁置在墙或梁上。楼面板和屋面板在剖面图中均属被剖切到的构件，但由于比例较小，故用两条粗实线表示它们的厚度。为排水需要，屋面板铺设成3%的坡率。在檐口处和其他部位设置了内天沟板，以便将屋面的雨水导向落水管。由于剖面图的比例较小，楼面板、屋面板、天沟板的详细形式及楼面层、屋顶的构造层次和做法难以表达清楚，可另画剖面节点详图表示，也可在施工总说明中表明。

（4）根据剖面图的尺寸，不但可以了解房屋各构、配件的位置，同时还可了解到房屋的层高及各层楼地面的标高。

外部尺寸：一般应标注出室外地坪，窗台，门、窗顶，檐口，女儿墙顶等处的高程和尺寸。

内部尺寸：应标注出底层地面、各层楼面和楼梯平台等处完成面的高程。室内其余部分，如门、窗洞，搁板和设备等，则应标注出大小和位置尺寸。楼梯因另有详图，其尺寸可不标注。

如1-1剖面外墙Ⓐ所标注的三道尺寸，第一道为门、窗洞及窗间墙的高度尺寸；第二道为层高尺寸（如3 600、3 200等）；第三道为室外地面以上总高度尺寸（如14 650）。另外，图中还标注了内墙门、窗洞的高度尺寸，楼面标高，楼梯休息平台标高以及楼梯梁的梁底标高等。

六、建筑详图

因房屋各部位的细部构造和构配件的尺寸、做法、所用材料等，很难在前述的平、立、剖面图中表示出来，故根据施工需求，应选用较大绘图比例（如1∶20、1∶10、1∶5、1∶2、1∶1等）按正投影图画法，详细地表示出来，这种图样称为建筑详图，简称详图。

详图的图示方法，视细部的构造复杂程度而定。详图的特点：一是比例较大；二是图示详尽清楚（表示构造合理，用料及做法适宜）；三是尺寸标注齐全。

详图数量的选择与房屋的复杂程度及平、立、剖面图的内容及比例有关。

1. 索引符号与详图符号

为方便施工人员查阅详图，可在平、立、剖面图中的相应部位注写索引符号，注明已画出详图的位置、编号以及所在图纸的编号；而在已索引出的详图中，应画出详图符号，以表示详图的位置和编号。索引符号与详图符号相互之间须有对应关系，便于查阅。

（1）索引符号

《房屋建筑制图统一标准》（GB/T 50001—2017）对索引符号的画法和编号作了以下规定：索引符号的圆及水平直径线均应以细实线绘制，圆的直径应为8~10 mm，索引符号的引出线应指在要索引的位置上，当引出的是剖视详图时，用粗实线段表示剖切位置，引出线所在的一侧应为剖视方向。如果索引出的详图采用的是标准图册中的详图，则应在索引符号水平直径的延长线上加注标准图册的代号。索引符号内编号的含义如图13-10所示。

（2）详图符号

《房屋建筑制图统一标准》（GB/T 50001—2017）对详图符号的画法和编号作了如下规定：详图符号应以粗实线绘制的直径为14 mm的圆表示。详图与被索引的图样如果同在一张图

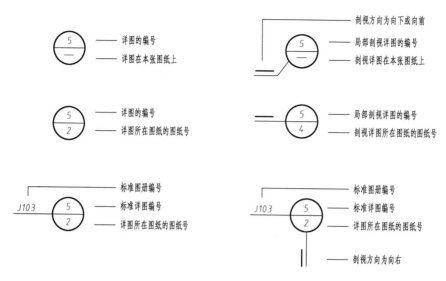

图 13-10　索引符号

纸内,应在详图符号内用阿拉伯数字注明详图的编号;如果不在同一张图纸内,可用细实线在详图符号内画一水平直线,在直线上部注明详图的编号,直线下部注明被索引图纸的图纸号。详图符号内编号的含义如图 13-11 所示。

图 13-11　详图符号内编号的含义

（3）轴线编号

在画详图时,轴线编号的圆圈直径为 10 mm。通用详图的轴线号,只用圆圈,不注写编号。如一个详图适用于几个轴线时,应同时将各有关轴线的编号注明,如图 13-12 所示。

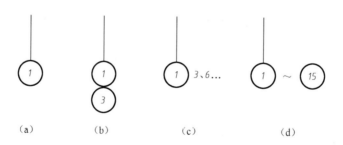

图 13-12　详图中的轴线编号

（a）通用详图的轴线号;（b）详图用于两个轴线;（c）详图用于多个轴线;（d）详图用于连续编号的轴线

2. 外墙身节点详图

外墙身节点详图实际上是建筑剖面图的局部放大图,用于表示建筑物的檐口、屋面、窗台、窗顶、楼面、勒脚、散水、地面等处的构造情况以及它们与外墙的相互关系,是施工的重要依据。识读详图时应对照剖面图找出所表示的部位,逐一进行节点分析,从而了解各部位的详细构造、尺寸和做法,并与施工总说明核对。

对于多层房屋,若各层的情况一样,可只画底层、顶层加一个中间层,并在窗洞中间处断开,成为几个节点详图的组合。

详图中被剖切到的主要部分(如墙身、楼板、梁等)用粗实线绘制,一般轮廓线(如面层线、未剖切到的可见轮廓线等)用中实线绘制,其余图线应按有关规定绘制。

外墙身节点详图常用的比例有 1∶20,1∶10 等,故剖切到的断面,均应画出材料图例。下面以图 13-13 为例,说明外墙身节点详图的内容与阅读方法。

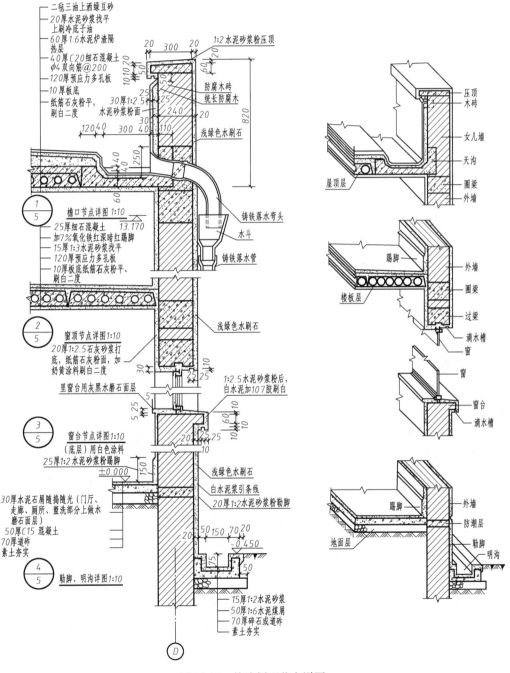

图 13-13 外墙剖面节点详图

（1）首先了解该详图所表达的部位。图 13-13 的外墙轴线为①，对照平面图和立面图可知，外墙①为该招待所的北外墙，其所表达的部位为图 13-9 所示 2—2 剖面图上的 $\frac{1}{5}$ $\frac{2}{5}$ $\frac{3}{5}$ 及 $\frac{4}{5}$ 节点，即檐口节点、窗顶节点、窗台节点及勒脚、明沟节点。绘图比例为 1：10。

（2）要由上至下或由下至上逐个识读。

第一个节点详图为檐口节点详图，主要表示该房屋女儿墙外排水檐口的构造和屋面层的做法等。图中不但给出了有关尺寸，还对某些部位的多层构造用引出线作了文字说明。该房屋的屋面首先铺设的是 120 mm 厚的预应力钢筋混凝土多孔板和预制天沟板，为了排水需要，屋面按 3% 的坡率铺设。屋面板上做有 40 mm 厚的细石混凝土（内放钢筋网）和 60 mm 厚的隔热层，最上面是二毡三油的防水覆盖层。

第二个节点详图为窗顶节点详图，主要表示窗顶过梁处的做法和楼面层的做法。在过梁外侧底面用水泥砂浆做出滴水槽，以防雨水流入窗内。楼面层的做法及其所用材料也采用引出线方法，并作了详细的文字说明。从檐口节点和窗顶节点，可以看到楼面板和屋面板均按平行纵向外墙搁置，即它们是搁置在横墙或梁上的。

第三个节点详图为窗台节点详图，主要表示砖砌窗台的做法。除了在窗台底面做出滴水槽外，同时还在窗台面的外侧做一斜坡，以利排水。

第四个节点详图为勒脚、明沟节点详图，主要对室内地面及室外明沟的材料、做法与要求都用文字作了详细的说明，并注明了尺寸。其中，勒脚高度为 450 mm（由 -0.450 至 ±0.000）。勒脚选用防水和耐久性较好的粉刷材料粉刷。在室内地面下 30 mm 的墙身处，设有 60 mm 厚的钢筋混凝土防潮层，以隔离土壤中的水分，防止潮气沿基础墙上升而侵蚀墙身。

从详图 $\frac{2}{5}$ $\frac{4}{5}$ 中可以看到室内地面和各楼层面墙壁处，均需做踢脚板保护墙壁；在 $\frac{4}{5}$ 详图中注明了踢脚板的详细做法和尺寸。

（3）详图中所注的尺寸，一般应标注出各重要部位的标高，如室内、外地面标高等。某些细部，如女儿墙、天沟、窗台及明沟等的尺寸也应详细标注出。

3. 楼梯详图

楼梯是多层房屋上下交通的主要设施，由楼梯段（简称梯段，包括踏步和斜梁）、平台（包括平台板和梁）和栏板（或栏杆）等组成。

楼梯详图主要表示楼梯的类型、结构形式、各部位的尺寸及装修做法。

楼梯详图包括平面图，剖面图及踏步、栏板详图等，并尽可能画在同一张图纸内。平面、剖视图比例要一致，以便对照阅读。踏步、栏板详图比例要大些，以便表示清楚该部分的构造情况。

（1）楼梯平面图

楼梯平面图实际上是水平剖视图，水平剖切位置一般定在各层向上第一跑（休息平台下）的中段位置处，如图 13-14～图 13-16 所示。原则上每层楼都要画楼梯平面图，在多层房屋建筑中，若中间各层楼梯的位置及其梯段数、踏步数和大小均相同，则通常只画出底层、中间层和顶层三个楼梯平面图即可。三个平面图画在同一张图纸内，并互相对齐，以便识读。

底层楼梯平面图（见图 13-14）：由于剖切平面是在该层往上走的第一梯段中间剖切，故底层楼梯平面图只画了一个被剖切的梯段及栏杆。按《建筑制图标准》（GB/T 50104—2010）的规定，被剖切梯段用倾斜 45° 的折断线表示（注意折断线一定要穿过扶手，并从平台边缘画出）。由于底层只有上没有下，故只画了上楼方向（注有"上 23 级"的箭头），即从底层往上走 23 级可到达第二层。"下 3 级"是指从底层往下走 3 级即到达储藏室门外的地面。

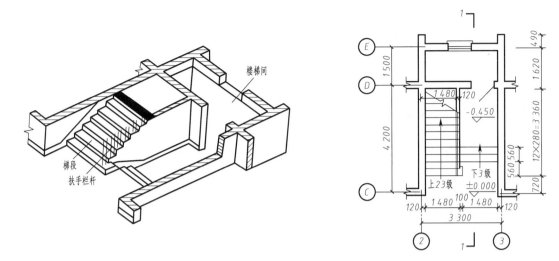

图 13-14　底层楼梯平面图

中间层(二、三层)楼梯平面图(见图 13-15):由于剖切平面是在该层往上走的第一梯段中间剖切,剖切后从上往下不但看到该层上行的部分梯段,也看到了下层下行的部分梯段,这两个部分梯段的投影形成了一个完整梯段。按《建筑制图标准》(GB/T 50104—2010)的规定,用倾斜 45° 的折断线为分界线以示区别。右边完整的下行梯段未被剖切到,但均为可见。

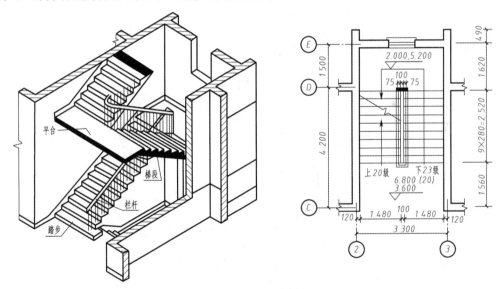

图 13-15　二(三层)楼梯平面图

顶层楼梯平面图(见图 13-16):顶层的剖切位置在楼梯安全栏杆之上,故两个梯段及平台都未被剖切到,均为完整的可见梯段。由于是顶层,只有下行没有上行,所以顶层楼梯平面图中只注有下楼的方向,即"下 20 级"的箭头。

(2)楼梯剖面图

楼梯剖面图的剖切位置,一般应通过各层的楼梯段和楼梯间的门窗洞,其投影方向应向未被剖切到的梯段一侧投影,这样得到的楼梯剖面图才能较清晰、完整地表示楼梯竖向的构造。图 13-17 所示的楼梯剖面图,就是按图 13-3 中 1-1 剖面图所画的局部放大图。

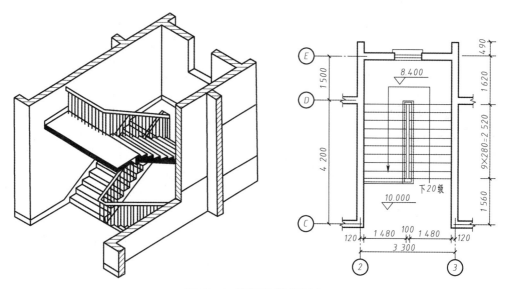

图 13-16　顶层楼梯平面图

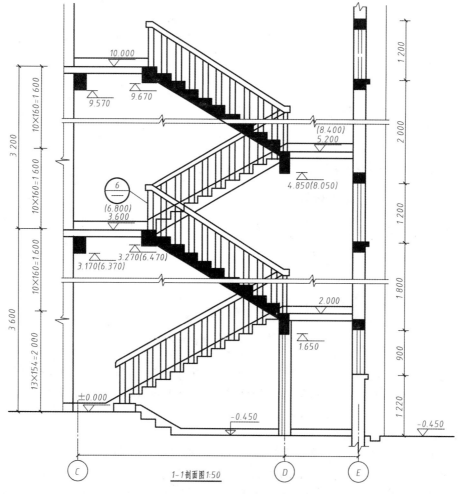

图 13-17　楼梯剖面图

楼梯剖面图主要反映了楼梯的梯段数、各梯段的踏步数、踏步的高度和宽度、梯段的构造、各层平台面和楼面的高度以及它们之间的相互关系。

从图 13-17 可以看出,每层楼有两个梯段,其上行的第二梯段被剖到,而上行的第一梯段未被剖到。楼梯的结构形式为钢筋混凝土双跑式楼梯,矩形断面的平台为预应力钢筋混凝土多孔板。一般楼梯间的顶部如果没有特殊之处,可省略不画。在多层房屋中,若中间层楼梯构造相同,则剖面图可只画出底层、中间层和顶层剖面,中间用折断线分开。

楼梯剖面图中所标注的尺寸,有地面、楼面、平台面的标高及梯段的高度等。其中梯段的高度尺寸与楼梯平面图中梯段的长度尺寸注法相同,但高度尺寸中注的是步级数,而不是踏面数(两者相差 1)。

从索引标志中,可知楼梯的扶手、栏杆及踏步都另有详图,并且都画在本张图上。

(3)楼梯节点详图

楼梯节点详图是根据图 13-14 和图 13-17 中的索引部位绘制的,如图 13-18 所示。它用较大的比例表示了索引部位的形状、大小、构造及材料情况。

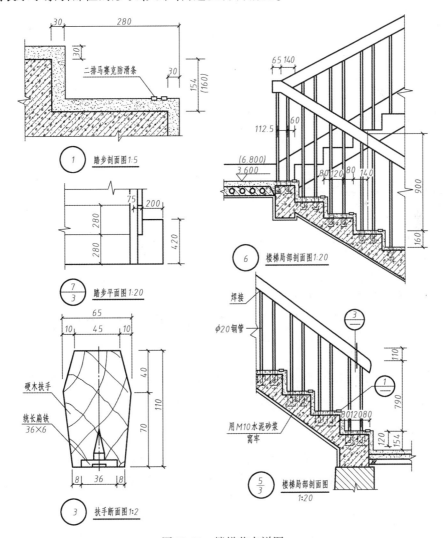

图 13-18　楼梯节点详图

知识点二　结构施工图

在房屋设计中,除进行建筑设计,画出建筑施工图外,还要进行结构设计,即根据建筑各方面的要求,进行结构选型和构件布置,再通过力学计算,确定房屋各承重构件(图 13-19 中的梁、板、柱及基础等)的断面形状、大小,决定其材料以及内部构造,并将设计结果绘成图样,以指导施工,这种图样称为结构施工图,简称结施。

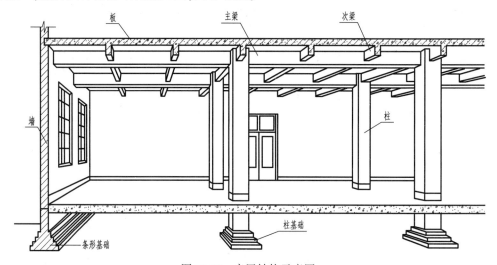

图 13-19　房屋结构示意图

一、结构施工图的主要内容

1. 结构设计说明

结构设计说明主要阐述以下内容:主要设计依据(阐明政府的批文,国家有关的标准、规范等)、自然条件(地质勘探资料,抗震设防烈度,风、雪荷载等)、施工要求与施工注意事项、对材料的质量要求、合理使用年限等。

2. 结构布置平面图及构造详图

结构布置平面图同建筑平面图一样,属于全局性的图纸,主要内容包括:基础、楼面、屋顶结构平面布置图及各部位节点详图等。

3. 构件详图

构件详图属于局部性的图纸,用于表示构件的形状、大小、所用材料的强度等级和制作安装等。其主要内容有:梁、板、柱等构件详图;楼梯结构详图;其他构件详图等。

二、基础图

基础图是表示房屋建筑地面以下基础部分的平面布置和详细构造的图样,包括基础平面图和基础详图两部分,是施工放线、基坑开挖、砌筑或浇筑基础的依据。

1. 基础平面图

(1)基础平面图的形成

基础平面图是假想用一水平剖切平面,沿房屋底层室内地面和基础之间,把整幢房屋剖开后所作的水平投影图。它主要表达了基槽未回填土时的基础平面布置状况,如图 13-20 所示。

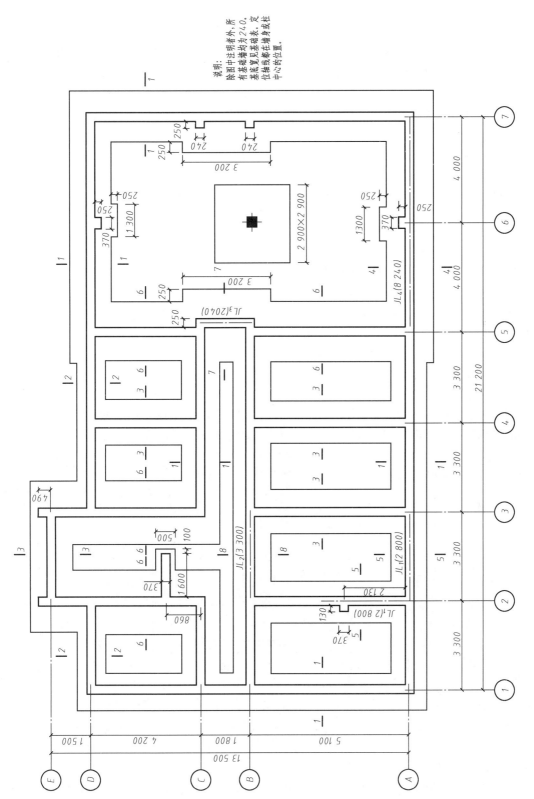

图 13-20　基础平面图

说明：除图中注明暗外，所有基础墙均为240。定有基底宽见基础柱表。基底轴线都在墙身或柱中心的位置。

（2）基础平面图的图示方法

为了使基础平面图简洁明了，一般在图中只画出被剖切到的基础墙、基础梁及基础底面的轮廓线，基础墙、基础梁的轮廓用粗实线表示，可不绘制材料的图例；基础底面的轮廓线用中实线表示；剖切到的钢筋混凝土柱断面，由于绘图比例较小，要涂黑表示。基础的大放脚等细部的可见轮廓线都省略不画，这些细部的形状和尺寸用基础详图表示。另外，各种管线及其出、入口处的预留孔洞用虚线表示。基础平面图的比例一般采用 1∶100，1∶200 或 1∶50。

（3）基础平面图的图示内容

①图名、比例（一般与建筑平面图一致）。

②定位轴线及编号、轴线尺寸（必须与对应的建筑平面图一致）。

③基础墙、柱的平面布置，基础底面形状、大小及其与轴线的关系。

④基础梁的位置、代号。

⑤基础编号、基础断面图的剖切位置及其编号。

⑥条形基础底边线。

⑦基础墙线。一般同上部交接墙体同宽，凡是有墙垛、柱的地方，基础应加宽。

⑧施工说明，即所用材料强度、防潮层做法、设计依据及注意事项等内容。

图 13-20 为某校招待所的基础平面图，该房屋采用的是条形基础，在活动室大厅内采用了柱基础（独立基础）。当房屋底层平面中有较大的门洞时，须在门洞处的条形基础中设置基础梁，如图 13-20 中 JL_1、JL_2 等，并用粗点画线表示。

2. 基础详图（基础断面图）

（1）基础详图的形成

基础详图通常用垂直剖面图表示，如图 13-21、图 13-22 所示，其主要作用就是将基础平面图中的细部构造按正投影原理将其尺寸、材料和做法更清晰、更准确地表达出来。

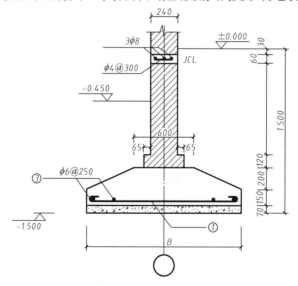

图 13-21 条形基础详图

（2）基础详图的图示方法

构造不同的基础应该分别画出详图。当基础构造相同，而仅仅部分尺寸不同时，可用一个详图表示，但需要通过列表的方式标出不同部分的尺寸。基础详图的轮廓线一般用粗实线画出，断面内应绘制材料图例，但如果是钢筋混凝土基础，则只画出钢筋布置情况，不必画出钢筋

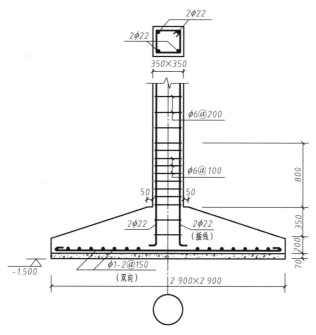

图 13-22　独立基础详图

混凝土的材料图例。

（3）基础详图的图示内容

①图名为剖断编号或基础代号及其编号，采用的比例较大（1∶20 或 1∶50）。

②定位轴线及其编号与基础平面图一致。

③基础断面的形状、尺寸、材料以及配筋情况。

④室内外地面标高及基础底面的标高。

⑤基础墙的厚度、防潮层的位置及做法。

⑥基础梁或圈梁的尺寸及配筋。

⑦垫层的尺寸及做法。

⑧施工说明等。

基础详图要求尽可能与基础平面图画在同一张图纸上，以便对照施工。

三、楼层结构平面图

楼层又叫作楼盖，分为预制装配式楼盖和整体式钢筋混凝土楼盖两种形式。

预制装配式楼盖具有施工速度快，节省劳动力，建筑材料造价低、便于工业化生产和机械化施工等优点。但是这种楼盖的整体性不如现浇楼盖好，因此在我国大、中城市中限制使用。

整体式钢筋混凝土楼盖的优点是整体刚度好，适应性强；缺点是模板用量较多，现场浇灌工作量大，施工工期较长，造价比装配式高。因此，这种楼盖一般用在高层建筑和中小型民用建筑中的公共建筑门厅、雨篷部分，或建筑平面不规则的楼面，以及厨房、卫生间等处。

1. 楼层结构平面图的形成

楼层结构平面图是用一个假想的紧贴楼板面的水平面，将房屋剖开后所作的楼层水平投影，用于表示每层的承重构件（梁、板、柱、墙）的类型、平面布置和数量，或现浇板的配筋情况，以及它们之间的结构关系，如图 13-23 所示。楼层结构平面图常采用的比例为 1∶100、1∶200 或 1∶50。

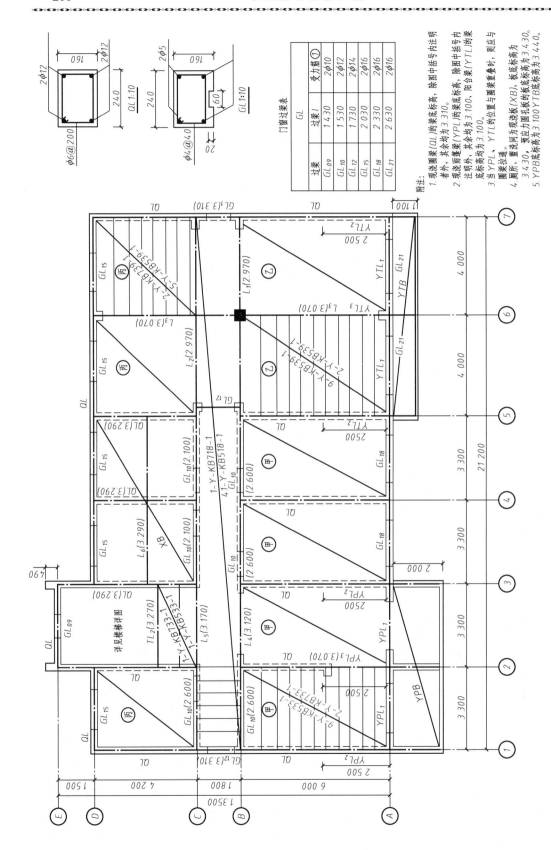

附注：
1. 现浇圈梁 (QL)的梁底标高，除图中括号内注明者外，其余均为 3 310。
2. 现浇雨篷梁 (YPL)的梁底标高，除图中括号内注明者外，其余均为 3 100。阳台梁 (YTL)的梁底标高均为 3 100。
3. 当 YPL、YTL的位置与圈梁重叠时，则应与圈梁连通，置洪同为现浇板 (XB)，板底标高为 3 430。
4. 顺所、预应力圆孔板的板底标高为 3 430。
5. YPBB底标高为 3 100 YTBB底标高为 3 440。

门窗过梁表

过梁	GL	过梁 I	受力筋 ①
GL09		1 430	2φ10
GL12		1 530	2φ12
GL12		1 730	2φ14
GL15		2 030	2φ16
GL18		2 330	2φ16
GL21		2 630	2φ16

图 13-23　楼层结构平面布置

2. 楼层结构平面图的图示方法

（1）图名。对于多层建筑，一般应分层绘制。但是，如果各层楼面结构布置情况相同时，可只画出一个楼层结构平面图，并注明应用各层的层数和各层的结构标高。

（2）图线。墙、柱、梁等可见构件的轮廓线用中实线表示，不可见构件的轮廓线用中虚线表示。钢筋用粗实线表示，每种规格的钢筋只画一根。例如，梁、屋架、支撑等可用粗点画线表示其中心位置。

（3）楼梯间的结构布置一般在结构平面图中不予表示，只用双对角线表示，具体内容在楼梯详图中表示。

（4）楼层上各种梁、板、柱构件，在图上都用规定的代号和编号标记，查看代号、编号和定位轴线就可以了解各构件的位置和数量。

（5）预制构件的代号、型号与编号标注方法各地不一，现举例如下。

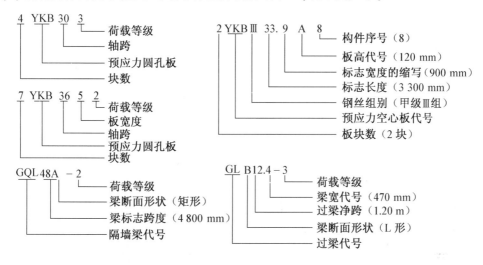

（6）预制板在平面图中常见的表示方式如图13-24所示。在每个结构单元范围内画一对角线表示，并沿对角线方向注明预制板的数量和代号。对于相同铺设区域，只需做对角线，并注明相同板号。

（7）现浇板的平面图主要画板的配筋情况，表示出受力筋、分布筋和其他构造钢筋的配置情况，并注明编号、规格、直径、间距等信息，如图13-25所示。每种规格的钢筋只画出一根，按其形状画在相应的部位。配筋相同的楼板，只需将其中一块板的配筋画出，其余各块分别在该楼板范围内画一对角线，并注明相同板号即可。

3. 楼层结构平面图的图示内容

（1）图名及比例。

（2）标注出与建筑图一致的定位轴线、尺寸及标高。

（3）画出各种墙、柱、梁的位置、标高及编号。

（4）在现浇板的平面图上，画出其钢筋配置，与受力筋垂直的分布筋不必画出，但要在附注中或钢筋表中说明其级别、直径、间距（或数量）及长度等，并标注预留孔洞的大小及位置。

（5）如有注明预制板，应注出跨度方向、代号、型号或编号、数量和预留洞等的大小和位置。

（6）注出有关的剖切符号或详图索引符号。

（7）附注说明选用预制构件的图集编号、各种材料标号,板内分布筋的级别、直径、间距等。

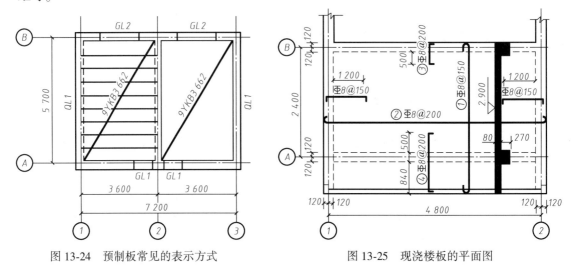

图 13-24　预制板常见的表示方式　　　　　　　图 13-25　现浇楼板的平面图

四、钢筋混凝土构件详图

结构平面布置图只能表示建筑物各承重构件的平面位置,至于它们的形状、大小、材料、构造等情况,需另画详图表示。

1. 现浇钢筋混凝土板配筋图

钢筋混凝土板有预制板和现浇板。钢筋混凝土预制板分为实心板、多孔板、槽型板等多种形式,通常在预制厂预制后运到工地吊装,也可在工地就地预制。钢筋混凝土现浇板的配筋图,如图 13-26 所示。

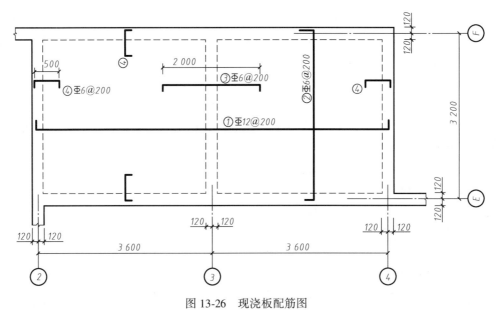

图 13-26　现浇板配筋图

图 13-26 中现浇钢筋混凝土板的长度为 7 200 mm,宽度为 3 200 mm,虚线表示现浇板下

面的墙体,按《建筑结构制图标准》(GB/T 50105—2010)规定:水平方向钢筋的弯钩向上的,竖直钢筋的弯钩向右的,都是靠近板底部设置的钢筋;水平方向弯钩向下的,竖直钢筋的弯钩向左的,都是靠近板顶部设置的钢筋。由此可见,图 13-26 中编号为①的钢筋是受力筋,靠近板底部,为 HRB335 钢筋,直径为 12 mm,设置在②、④轴线之间,间距为 200 mm;编号为②的分布钢筋为 HPB300 钢筋,靠近板上部,设置在Ⓔ、Ⓕ 轴线之间,间距为 200 mm;编号为③的钢筋是构造筋,设置在靠近板的上部,为 HPB300 钢筋,间距为 200 mm;编号为④的钢筋也是构造筋,和③一样靠近板的上部,间距为 200 mm。

2. 现浇钢筋混凝土构造柱配筋图

在砖混结构中设置用现浇钢筋混凝土制成的构造柱和圈梁,可以改善砖混结构的整体受力性能,增加整体稳定性,提高抗震能力。

图 13-27 为编号为 Z-1 的现浇钢筋混凝土构造柱的立面图和断面图。柱的横断面边长均为 370 mm,主要受力筋为 8 根直径为 18 mm 的 HPB300 钢筋;箍筋为直径 8 mm 的 HPB300 钢筋,间距为 200 mm;柱中间呈十字形的为直径 8 mm、间距 200 mm 的 HPB300 钢筋是附加腰筋,起增加柱的强度、提高柱的抗剪切能力的作用。

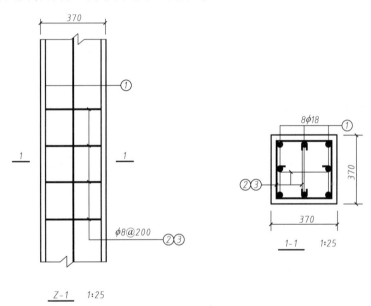

图 13-27 现浇构造柱配筋图

学习任务二 建筑工程图绘制

工作任务:

(1)用 AutoCAD 2014 绘制建筑平面图 13-5;

(2)用 AutoCAD 2014 绘制建筑立面图 13-6;

(3)用 AutoCAD 2014 绘制建筑剖面图 13-8。

任务引导:

①建筑平面图的绘制内容都有哪些方面?

②建筑平面图的绘制有哪些要求?

③建筑平面图的绘制步骤是怎样的?

④建筑立面图的绘制内容都有哪些方面?

⑤建筑立面图的绘制有哪些要求?

⑥建筑立面图的绘制步骤是怎样的?

⑦建筑剖面图的绘制内容都有哪些方面?

⑧建筑剖面图的绘制有哪些要求?

⑨建筑剖面图的绘制步骤是怎样的?

　　建筑工程施工图是指利用正投影的方法把所设计房屋建筑的规划位置、大小、外部造型、内部布置和内外装修,各部分结构、构造、设备等的做法及要求,按照建筑制图国家标准规定,用建筑专业的习惯画法详尽、准确地表达出来,并注写尺寸和文字说明,用以指导施工的图样。建筑施工图图面布置要主次分明,排列均匀紧凑,表达清楚,尽可能保持各图之间的投影关系。同类型的、内容关系密切的图样,集中在一张或图号连续的几张图纸上,以便对照查阅。建筑施工图主要表示房屋的平面图、立面图、剖面图等;结构施工图主要表示房屋承重结构的布置、构件类型、数量、大小及做法等,包括结构布置图和构件详图。

知识点一　建筑平面图的绘制

一、建筑平面图的绘制内容

　　建筑平面图是房屋各层的水平剖面图,用于表示房屋的平面形状、大小和房间的布置,墙和柱的位置、厚度和材料,门窗的位置和大小等。建筑平面图是重要的施工依据,在绘制前首先应清楚需绘制的内容。建筑平面图主要的绘制内容如下。

　　(1)图名、比例。

　　(2)纵、横定位轴线及其标号。

　　(3)建筑的内外轮廓、朝向、布置、空间与空间的相互联系、入口、走道、楼梯等,首层平面图需绘制指北针表示建筑的朝向。

　　(4)建筑物门、窗的开启方向及其编号。

　　(5)建筑平面图中的各项尺寸标注和高程标注。

　　(6)建筑物的造型结构、室内布置、施工工艺、材料搭配等。

　　(7)剖面图的剖切符号及编号。

　　(8)详图索引符号。

　　(9)施工说明等。

二、建筑平面图的绘制要求

1. 图纸幅面

A3 图纸幅面是 297 mm×420 mm,A2 图纸幅面是 420 mm×594 mm,A1 图纸幅面是 594 mm×841 mm,其他图框的尺寸见相关的制图标准。

2. 图名及比例

建筑平面图的常用比例是 1：50、1：100、1：150、1：200、1：300。图样下方应注写图名,图名下方应绘一条短粗实线,右侧应注写比例,比例字高宜比图名的字高小一号或两号。

3. 图线

(1)图线宽度。图线的基本宽度 b 可从下列线宽系列中选取:0.18 mm、0.25 mm、0.35 mm、0.5 mm、0.7 mm、1.0 mm、1.4 mm、2.0 mm。

A2 图纸建议选用 $b=0.7$ mm(粗线)、$0.5b=0.35$ mm(中粗线)、$0.25b=0.18$ mm(细线)。

A3 图纸建议选用 $b=0.5$ mm(粗线)、$0.5b=0.25$ mm(中粗线)、$0.25b=0.13$ mm(细线)。

(2)线型。实线用 continuous、虚线用 ACAD_ISO02W100 或 dashed、单点长画线用 ACAD_ISO04W100 或 Center、双点长画线用 ACAD_ISO05W100 或 Phantom。

线型比例大致取出图比例倒数的一半左右(在模型空间应按 1∶1 绘图)。

用粗实线绘制被剖切到的墙、柱断面轮廓线,用中实线或细实线绘制没有剖切到的可见轮廓线(如窗台、梯段等)。尺寸线、尺寸界线、索引符号、高程符号等用细实线绘制,轴线用细单点长画线绘制。

4. 字体

(1)图样及说明的汉字应采用长仿宋体,宽度与高度的比值是 0.7。

文字的高度应从以下系列中选择:2.5 mm、3.5 mm、5 mm、7 mm、10 mm、14 mm、20 mm。

(2)汉字的高度不应小于 3.5 mm,拉丁字母、阿拉伯数字或罗马数字的字高不应小于 2.5 mm。

(3)在 AutoCAD 2014 中,文字样式的设置见本书项目五。在执行 Dtext 或 Mtext 命令时,文字高度应设置为上述的高度值乘以出图比例的倒数。

5. 尺寸标注

(1)尺寸界线应用细实线绘制,一般应与被注长度垂直,其一端应离开图样轮廓线不小于 2 mm,另一端宜超出尺寸线 2~3 mm。

(2)尺寸起止符号一般用中粗 $0.5b$ 斜短线绘制,其斜度方向与尺寸界线成顺时针 45°,长度宜为 2~3 mm。半径、直径、角度与弧长的尺寸起止符号,宜用箭头表示。

(3)互相平行的尺寸线,应从被注写的图样轮廓线由近向远整齐排列,应将大尺寸标在外侧,小尺寸标在内侧。尺寸线距图样最外轮廓之间的距离不宜小于 10 mm。平行排列的尺寸线的间距宜为 7~10 mm,并应保持一致。

(4)所有注写的尺寸数字应离开尺寸线约 1 mm。

(5)在 AutoCAD 2014 中,标注样式的设置见本书项目六,全局比例应设置为出图比例的倒数。

6. 剖切符号

剖切位置线长度宜为 6~10 mm,投射方向线应与剖切位置线垂直,画在剖切位置线的同一侧,长度应短于剖切位置线,宜为 4~6 mm。为了区分同一形体上的剖面图,在剖切符号上宜用字母或数字加以区别,并注写在投射方向线一侧。

7. 详图索引符号

(1)图样中的某一局部或构件,如需另见详图,应以索引符号标出。索引符号是由直径为 10 mm 的圆和水平直径组成,圆及水平直径均以细实线绘制。

(2)详图的位置和编号,应以详图符号表示。详图符号的圆应以直径为 14 mm 的粗实线绘制。

8. 引出线

引出线应以细实线绘制,宜采用水平方向的直线,与水平方向成 30°、45°、60°、90°的直线或经上述角度再折为水平线。文字说明宜注写在水平线的上方,也可注写在水平线的端部。

9. 指北针

指北针是用来指明建筑物朝向的。圆的直径宜为 24 mm,用细实线绘制,指针尾部的宽度宜为 3 mm,指针头部应标示"北"或"N"。需用较大直径绘制指北针时,指针尾部宽度宜为直径的 1/8。

10. 高程

(1)高程符号用以细实线绘制的等腰直角三角形表示,其高度应控制在 3 mm 左右。在模型空间绘图时,等腰直角三角形的高度值应是 3 mm 乘以出图比例的倒数。

(2)高程符号的尖端指向被标注高程的位置。高程数字写在高程符号的延长线一端,以 m 为单位,注写到小数点后的第 3 位。零点高程应写成±0.000,正数高程不用加"+",但负数高程应注上"−"。

11. 定位轴线

(1)定位轴线应用细单点长画线绘制。

(2)定位轴线一般应编号,编号应注写在轴线端部的圆圈内,字高大概比尺寸标注的文字大一号。圆应用细实线绘制,直径为 8~10 mm,定位轴线圆的圆心,应在定位轴线的延长线上。

(3)横向编号应采用阿拉伯数字,并按从左至右的顺序编写;竖向编号应采用大写拉丁字母,并按从下至上的顺序编写,但 I、O、Z 不得用作轴线编号。

三、建筑平面图的绘制方法和步骤

建筑平面图的绘制方法和步骤如下。

(1)绘制墙身定位轴线及柱网。

(2)绘制墙身轮廓线,柱子,门、窗洞口等各种建筑构配件。

(3)绘制楼梯、台阶、散水等细部。

(4)检查全图无误后,擦去多余线条,按建筑平面图的要求加深加粗,并进行门、窗编号,画出剖面图剖切位置线等。

(5)尺寸标注。一般应标注 3 道尺寸:第 1 道为细部尺寸,第 2 道为轴线尺寸,第 3 道为总尺寸。

(6)图名、比例及其他文字内容。汉字应采用长仿宋字:图名一般为 7~10 号字,图内说明字一般为 5 号字。尺寸数字通常用 3.5 号。

知识点二　建筑立面图的绘制

一、建筑立面图的绘制内容

建筑立面图反映了房屋的外貌,各部分配件的形状和相互关系以及外墙面装饰材料、做法等。建筑立面图是建筑施工中控制高度和外墙装饰效果的重要技术依据,在绘制前也应清楚需绘制的内容。建筑立面图主要的绘制内容如下。

(1)图名、比例。

(2)两端的定位轴线和编号。

(3)建筑物的体形和外貌特征。

(4)门、窗的大小、样式、位置及数量。

(5)各种墙面、台阶、阳台等建筑构造与构件的具体位置、大小、形状、做法。

(6)立面高程及局部需要说明的尺寸。

(7)详图的索引符号及施工说明等。

二、建筑立面图的绘制要求

1. 图纸幅面和比例

建筑立面图的图纸幅面和比例的选择在同一工程中通常可考虑与建筑平面图相同。

2. 定位轴线

在立面图中,一般只绘制两条定位轴线,且分布在两端,与建筑平面图相对应,确认立面的方位,以方便识图。

3. 线型

为了更能凸显建筑物立面图的轮廓,使其层次分明,地坪线一般用特粗实线($1.4b$)绘制,轮廓线和屋脊线用粗实线(b)绘制,所有的凹凸部位(如阳台、线脚、门窗洞等)用中实线($0.5b$)绘制,门、窗扇,雨水管,尺寸线,高程,文字说明的指引线和墙面装饰线等用细实线($0.25b$)绘制。

4. 图例

由于立面图和平面图一般采用相同的出图比例,所以门、窗和细部的构造也常采用图例来绘制。绘制的时候只需要画出轮廓线和分格线,门、窗框用双线。常用的构造和配件的图例可以参照相关的国家标准。

5. 尺寸标注

立面图分3层标注高度方向的尺寸,分别是细部尺寸、层高尺寸和总高尺寸。

细部尺寸用于表示室内、外地面高度差,窗口下墙高度,门、窗洞口高度,洞口顶部到上一层楼面的高度等;层高尺寸用于表示上、下层地面之间的距离;总高尺寸用于表示室外地坪至女儿墙压顶端檐口的距离。除此外还应标注其他无详图的局部尺寸。

6. 高程尺寸

立面图中需标注房屋主要部位的相对高程,如建筑室内外地坪、各级楼层地面、檐口、女儿墙压顶、雨篷等。

三、建筑立面图的绘图方法和步骤

建筑立面图的绘图方法和步骤如下。

(1)画室外地坪线、定位轴线、各层楼面线、外墙边线和屋檐线。

(2)画各种建筑构配件的可见轮廓,如门、窗洞,楼梯间,墙身及其暴露在外墙外的柱子。

(3)画门窗、雨水管、外墙分割线等建筑物细部。

(4)画尺寸界线、标高数字、索引符号和相关注释文字。

(5)尺寸标注。

(6)检查无误后,按建筑立面图的要求进行图线加深、加粗,并标注标高、首尾轴线号、墙面装修说明文字、图名和比例,说明文字用 5 号字。

知识点三　建筑剖面图的绘制

一、建筑剖面图的绘制内容

建筑剖面图反映了房屋内部垂直方向的高度、分层情况,楼地面和屋顶结构形式及各构、配件在垂直方向的相互关系。建筑剖面图是与平面图、立面图相互配合的不可缺少的重要图样之一。建筑剖面图主要的绘制内容如下。

(1)图名、比例。

(2)必要的轴线以及各自的编号。

(3)被剖切到的梁、板、平台、阳台、地面以及地下室图形。

(4)被剖切到的门窗图形。

(5)剖切处各种构配件的材质符号。

(6)未剖切到的可见部分,如室内的装饰,与剖切平面平行的门、窗图形,楼梯段,栏杆的扶手等和室外可见的雨水管、水漏等,以及底层的勒脚和各层的踢脚。

(7)高程以及必需的局部尺寸的标注。

(8)详图的索引符号。

(9)必要的文字说明。

二、建筑剖面图的绘制要求

1. 图名和比例

建筑剖面图的图名必须与底层平面图中剖切符号的编号一致,如 1-1 剖面图。

建筑剖面图的比例应与平面图、立面图一致,采用 1 ∶ 50、1 ∶ 100、1 ∶ 200 等较小比例绘制。

2. 符合投影关系

所绘制的建筑剖面图与建筑平面图、建筑立面图之间应符合投影关系,即长对正、宽相等、高平齐。读图时,也应将三图联系起来。

3. 图线

凡是剖到的墙、板、梁等构件的轮廓线用粗实线表示,没有剖到的其他构件的投影线用细实线表示。

4. 图例

由于比例较小,剖面图中的门、窗等构、配件应采用国家标准规定的图例表示。

为了清楚地表示建筑各部分的材料及构造层次,当剖面图的比例大于 1 ∶ 50 时,应在剖到的构配件断面上画出其材料图例;当剖面图的比例小于 1 ∶ 50 时,则不画材料图例,而用简化的材料图例表示其构件断面的材料,如钢筋混凝土的梁、板可在断面处涂黑,以区别于砖墙和其他材料。

5. 尺寸标注与其他标注

外墙的竖向标注有三道尺寸:最里面一道为细部尺寸,标注门、窗洞及洞间墙的高度尺寸;中间一道为层高尺寸;最外一道为总高尺寸。此外,还应标注某些局部的尺寸,如内墙上窗洞的高度尺寸、窗台的高度尺寸等;一些不需绘制详图的构件尺寸,如栏杆扶手的高度尺寸、雨篷的挑出尺寸等。

建筑剖面图中需标注高程的部位有室内、外地面,楼面,楼梯平台面,檐口顶面,门、窗洞口等。剖面图内部的各层楼板、梁底面也需标注高程。

建筑剖面图的水平方向应标注墙、柱的轴线编号及轴线间距。

6. 详图索引符号

由于剖面图比例较小,某些部位(如墙脚、窗台、楼地面、顶棚等)节点不能详细表达,可在该部位处画上详图索引符号,另用详图表示其细部构造。楼地面,顶棚,墙内、外装修也可用多层构造引出线的方法说明。

三、建筑剖面图的绘制方法和步骤

建筑剖面图的绘制方法和步骤如下。

(1)画地坪线、定位轴线、各层的楼面线、楼面。

(2)画剖面图门、窗洞口位置,楼梯平台,女儿墙,檐口及其他可见轮廓线。

(3)画各种梁的轮廓线以及断面。

(4)画楼梯、台阶及其他可见的细节构件,并且绘出楼梯的材质。

(5)画尺寸界线、标高数字和相关注释文字。

(6)画索引符号及尺寸标注。

知识点四 结构施工图的绘制

一、钢筋混凝土结构构件配筋图的表示方法

1. 详图法

详图法是通过平、立、剖面图将各构件(梁、柱、墙等)的结构尺寸、配筋规格等"逼真"地表示出来,其工作量非常大。

2. 梁柱表法

梁柱表法是采用表格填写方法将结构构件的结构尺寸和配筋规格用数字符号表示,此法比"详法"要简单方便得多,手工绘图时,深受设计人员的欢迎;其不足之处是同类构件的许多数据需多次填写,容易出现错漏,图纸数量多。

3. 结构施工图平面整体设计方法(以下简称"平法")

平法是把结构构件的截面形式、尺寸及所配钢筋规格在构件的平面位置用数字和符号直接表示,再与相应的"结构设计总说明"和梁、柱、墙等构件的"构造通用图及说明"配合使用。平法的优点是图面简洁、清楚、直观性强,图纸数量少,设计和施工人员都很欢迎。

为了保证按平法设计的结构施工图实现全国统一,建设部已将平法的制图规则纳入国家建筑标准设计图集,详见《混凝土结构施工图平面整体表示方法制图规则和构造详图》(16G101)(以下简称《平法规则》)。

二、结构施工图平面整体表示方法

平法的表示方式是将结构构件的尺寸和配筋,按照平面整体表示法的制图规则,直接表示

在各类构件的结构平面布置图上,再与标准构造详图相配合,即构成一套完整的结构施工图。它改变了传统的将构件从结构平面图中索引出来,再逐个绘制配筋详图的繁琐表示方法。

下面根据国家平法标准图集《混凝土结构施工图平面整体表示方法制图规则和构造详图》(03G101-1)介绍平法施工图制图规则。

1. 平法施工图的一般规定

《平法规则》适用于各种现浇混凝土结构的柱、剪力墙、梁等构件的结构施工图设计。

按平法设计绘制的施工图,一般是由各类结构构件的平法施工图和标准详图两个部分构成,但对复杂的建筑物,还需增加模板、开洞和预理件等平面图。现浇板的配筋图仍采用传统表达方法绘制。

按平法设计绘制施工图时,应将所有梁、柱、墙等构件按规定进行编号,使平法施工图与构造详图中相同构件一一对应。同时,必须根据具体工程,按照各类构件的平法制图规则,在按结构层(标准层)绘制的平面布置图上直接表示各构件的尺寸和配筋。出图时,宜按基础、柱、剪力墙、梁、板、楼梯及其他构件的顺序排列。

2. 柱平法施工制图规则

柱平法施工图是通过在柱平面布置图上采用截面注写方式或列表注写方式来表示的施工图,主要表示柱的代号、平面位置、截面尺寸、与定位轴线的几何关系和配筋等内容。下面以图 13-28 为例,介绍截面注写方式。

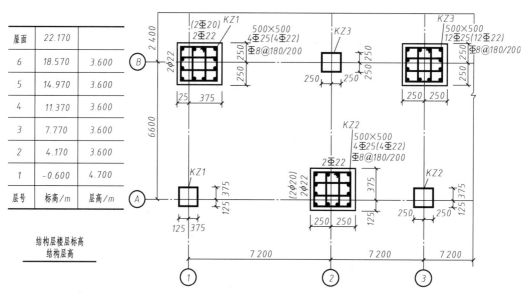

图 13-28　柱平法施工图—截面注写方式

(1)截面注写方式是在分标准层绘制的柱(包括框架柱、框支柱、梁上柱、剪力墙上柱)平面布置图的柱截面上,分别在同一编号的柱中选择一个截面,以直接注写截面尺寸和配筋的具体数值来表示柱平面整体配筋,如图 13-28 所示。

(2)对所有柱截面进行编号,柱编号由代号和序号组成,并应符合表 13-3 的规定。然后从相同编号的柱中选择一个截面,按另一种比例原位放大绘制柱截面配筋图。

(3)在各配筋图上分别注写截面尺寸 $b \times h$(圆柱直径为 d)、角筋或全部纵筋数量、箍筋的具体数值、截面与轴线关系 b_1、b_2、h_1、h_2 的具体数值。

表 13-3 柱编号

柱类型	代号	序号	柱类型	代号	序号
框架柱	KZ	××	梁上柱	LZ	××
框支柱	KZZ	××	剪刀墙上柱	QZ	××
芯柱	XZ	××			

（4）当纵筋采用两种直径时，须再注写截面各边中部纵筋的具体数值（对于采用对称配筋的矩形截面柱，可仅在一侧注写中部纵筋，对称边省略不注）。

（5）注写柱子箍筋，应包括钢筋种类代号、直径与间距。当为抗震设计时，用斜线"/"区分柱端箍筋加密区与柱身非加密区长度范围内箍筋的不同间距。当箍筋沿柱全高为同一种间距时，则不使用斜线"/"。

（6）当采用截面注写方式时，可以根据具体情况，在一个柱平面布置图上加小括号"（ ）"来区分和表示不同标准层的注写数值，但与柱标高要一一对应。

3. 梁平法施工图制图规则

梁平法施工图是在平面布置图上采用平面注写方式或截面注写方式来表示的施工图，如图 13-29 所示。梁平面布置图应分别按梁的不同结构层，将全部梁和与其相关联的柱、墙、板一起采用适当比例绘制。对于轴线未居中的梁，除贴柱边的梁外，应标注其偏心定位尺寸。下面介绍平面注写方式。

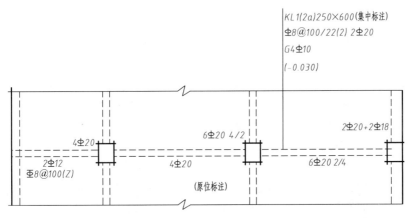

图 13-29 梁平法施工图——平面注写方式

平面注写方式就是在梁的平面图上，分别将不同编号的梁各选出一根，在其上注写截面尺寸和配筋的具体数量来表示梁平面整体配筋，如图 13-29 所示。

平面注写包括集中标注与原位标注，集中标注表示梁的通用数值，原位标注表示梁的特殊数值。当集中标注中某项数值不适用于梁的某部位时，则应将该项数值在该部位原位标注，施工时，按照原位标注取值优选原则。

梁的编号由梁的类型代号、序号、跨数和有无悬挑代号几项组成，按表 13-4 规定执行。例如，KL1（2A）表示 1 号框架梁，2 跨且一端有悬挑。

梁集中标注的内容按梁的编号、截面尺寸、箍筋、贯通钢筋（或架立筋）、梁侧面纵向构造钢筋或受扭钢筋配置、梁面相对高差等依次标注。其中，前五项必须标注，最后一项有高差时标注，无高差时不注。

表 13-4　梁编号

梁类型	代号	序号	跨数及是否带有悬挑	备注
楼层框架梁	KL	××	(××)、(××A)或(××B)	（××A）为一端有悬挑,(××B)为两端有悬挑,悬挑不计入跨数
屋面框架梁	WKL	××	(××)、(××A)或(××B)	
框支梁	KZL	××	(××)、(××A)或(××B)	
非框架梁	L	××	(××)、(××A)或(××B)	
悬挑梁	XL	××	(××)、(××A)或(××B)	

（1）梁的编号按表 13-4 规定标注。

（2）截面尺寸,当为等截面梁时,用 $b×h$ 表示;当为悬臂梁采用变截面高度时,用斜线分隔根部与端部的高度值,即为 $b×h_1 / h_2$,h_1 为根部高度,h_2 为端部较小的高度。

（3）梁的箍筋,包括箍筋的钢筋种类、直径、间距和肢数。当梁跨内箍筋全跨为同一间距和肢数时,可直接标注,肢数写在括号内。箍筋加密区与非加密区间距或肢数不同时应用斜线"/"分隔。

例如,Φ8@100/200(2)表示箍筋为 HPB300,直径为 Φ8,加密区间距为 100 mm,非加密区间距为 200 mm,均为双肢箍;Φ8@100(4)/150(2)表示直径为 Φ8,加密区间距为 100 mm,四肢箍,非加密区间距 150 mm,双肢箍。

（4）梁的上部贯通钢筋或架立筋的根数。当同排纵筋中既有贯通筋又有架立筋时,应采用加号"+"将两者相连,架立筋写入括号内。例如,2Φ20+(2Φ12)中 2Φ20 为梁角贯通筋,2Φ12 为架立钢筋。

当梁上部纵筋和下部纵筋均为贯通筋,且多数跨相同时,可同时标注上部与下部贯通筋的配筋值,但应用分号";"隔开;少数跨不同时,采用原位标注来纠正。例如,2Φ18;2Φ22 表示上部配置 2Φ18 贯通筋,下部配置 2Φ22 贯通筋。

（5）梁侧面纵向构造钢筋或受扭钢筋配置。纵向构造钢筋的注写以大写字母 G 打头,紧跟注写设置在梁两个侧面的总配筋值,且对称配置。受扭纵向钢筋的注写以大写字母 N 打头,紧跟注写配置在梁两侧面的总配筋值。例如,G4Φ12 表示每侧各配置 2Φ12 纵向构造钢筋,N4Φ14 表示梁每侧各配置 2Φ14 受扭纵筋。

（6）梁顶面标高相对于该结构楼面标高的高差值,应写入括号内,如(-0.100)表示梁标高比该结构层标高低 0.1 m。

梁原位标注内容为梁支座上部纵筋、下部纵筋、附加箍筋或吊筋及对集中标注的原位修正信息等。

（7）梁支座上部纵筋,指该部位含贯通筋在内的所有纵筋,标注在梁上方该支座处。当上部纵筋多于 1 排时,用斜线"/"将各排纵筋自上而下分开。当同排纵筋有两种直径时,用加号"+"将两种直径的纵筋相连,角部纵筋注写在加号前面。例如,6Φ20 4/2 表示上排为 4Φ20 而下排为 2Φ20;2Φ20+2Φ18 表示支座上部纵筋一排共 4 根,角筋为 2Φ20。

（8）梁的下部纵筋标注在梁下部跨中位置,标注方法同梁上部纵筋。当下部纵筋均为贯通筋,且集中标注中已注写时,则不需在梁下部重复做原位标注。图 13-29 中第二跨下部纵筋 6Φ20 2/4,则表示上一排纵筋为 2Φ20,下一排纵筋为 4Φ20,全部伸入支座锚固。

参 考 文 献

[1]张效伟,邵景玲 . AutoCAD 2012 绘制建筑图[M]. 北京:中国建材工业出版社,2012.

[2]刘继海,郭俊英 . 计算机辅助设计绘图(AutoCAD 2014 版)[M]. 北京:国防工业出版社,2015.

[3]李晓林 . 土木工程识图[M]. 北京:高等教育出版社,2010.

[4]杨桂林,王英 . 工程制图[M]. 北京:中国铁道出版社,2013.

[5]侯献语,王旭东 . 土木工程制图与识图[M]. 北京:中国电力出版社,2016.

[6]孙再鸣,杨小玉 . 工程识图与 CAD[M]. 2 版 . 成都:西南交通大学出版社,2019.

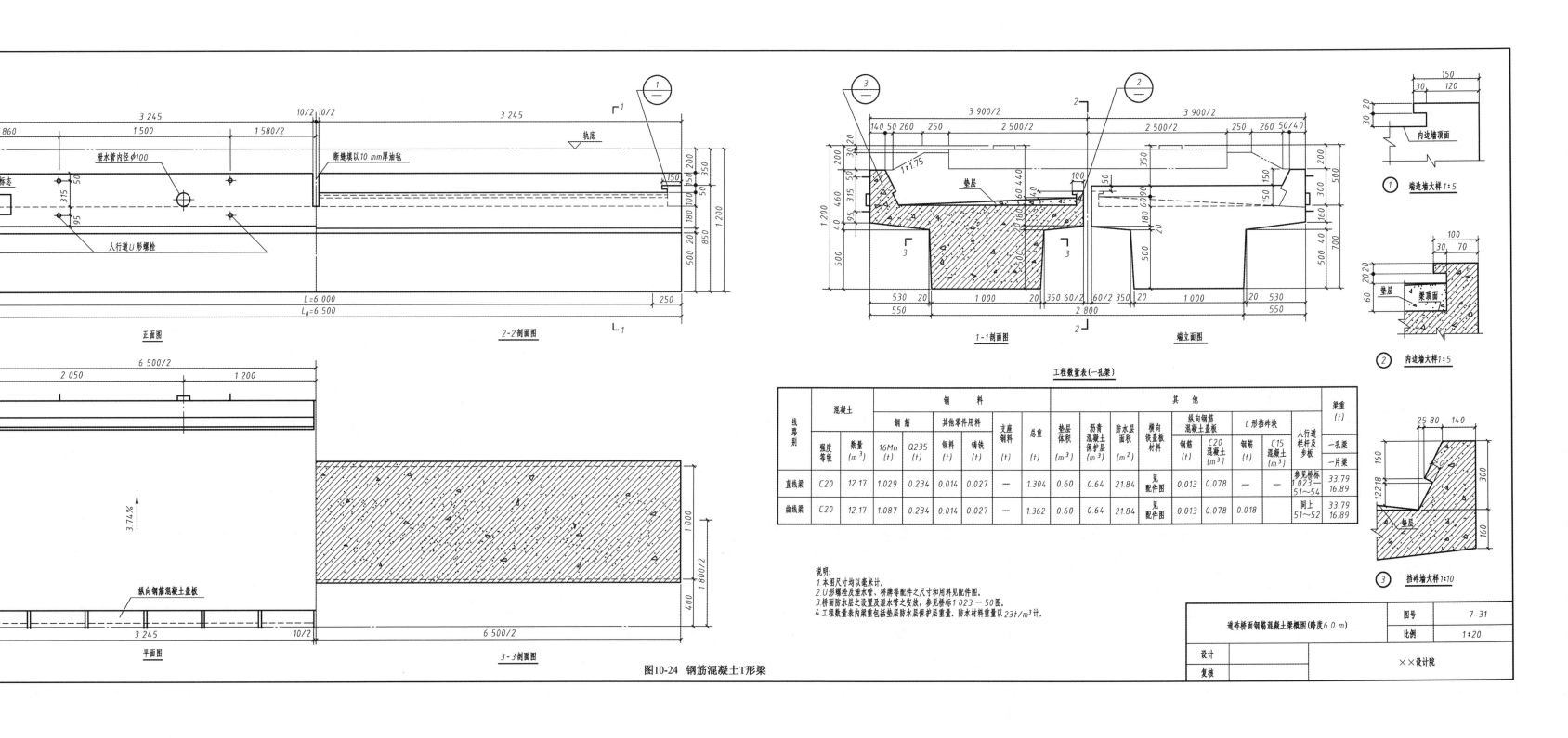

工程数量表(一孔梁)

线路别	混凝土		钢 料					其 他										梁重 (t)	
			钢 筋		其他零件用料		支座钢料	总重	垫层体积	沥青混凝土保护层	防水层面积	横向铁盖板材料	纵向钢筋混凝土盖板		L形挡砟块		人行道栏杆及步板			
	强度等级	数量 (m³)	16Mn (t)	Q235 (t)	钢料 (t)	铸铁 (t)	(t)	(t)	(m³)	(m³)	(m²)		钢筋 (t)	C20混凝土 (m³)	钢筋 (t)	C15混凝土 (m³)		一孔梁	一片梁
直线梁	C20	12.17	1.029	0.234	0.014	0.027	—	1.304	0.60	0.64	21.84	见配件图	0.013	0.078	—	—	参见桥标 1 023-51~54	33.79	16.89
曲线梁	C20	12.17	1.087	0.234	0.014	0.027	—	1.362	0.60	0.64	21.84	见配件图	0.013	0.078	0.018		同上 51~52	33.79	16.89

说明:
1. 本图尺寸均以毫米计。
2. U形螺栓及泄水管、桥牌等配件之尺寸和用料见配件图。
3. 桥面防水层之设置及泄水管之安放,参见桥标1 023-50图。
4. 工程数量表内梁重包括垫层防水层保护层重量。防水材料重量以23t/m³计。

① 墙边墙大样1:5

② 内边墙大样1:5

③ 挡砟墙大样1:10

正面图

2-2剖面图

平面图

3-3剖面图

1-1剖面图

墙立面图

图10-24 钢筋混凝土T形梁

	图号	7-31
道砟桥面钢筋混凝土梁概图(跨度6.0 m)	比例	1:20
设计		××设计院
复核		

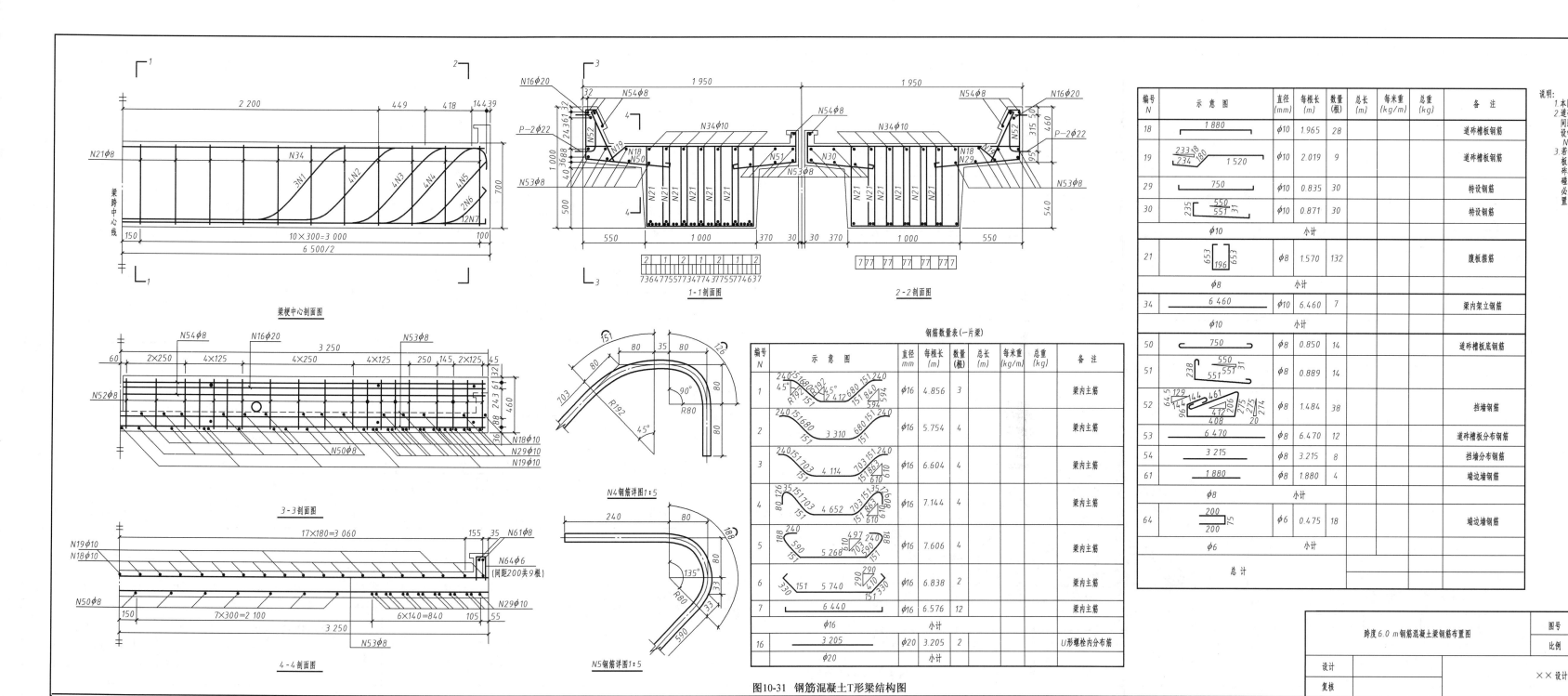

图10-31 钢筋混凝土T形梁结构图

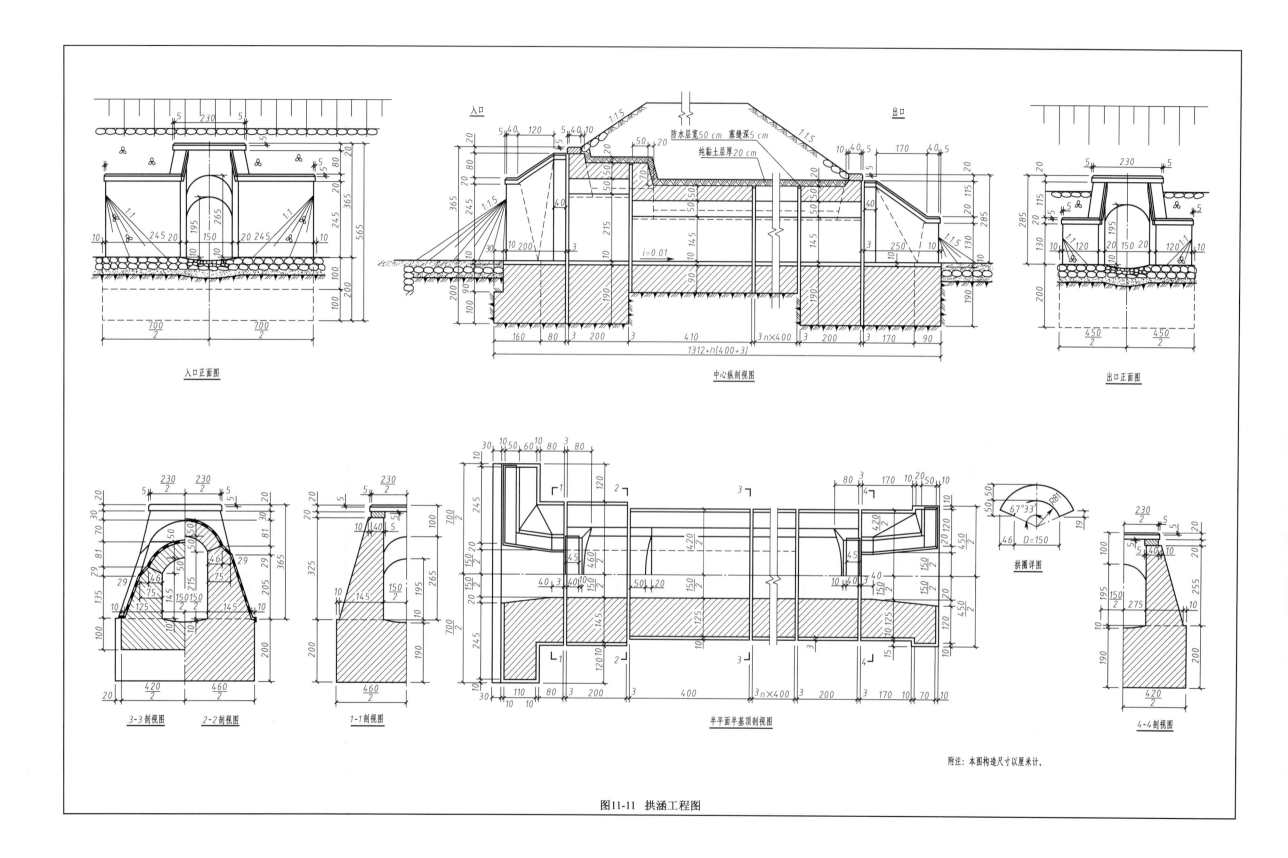

图11-11 拱涵工程图

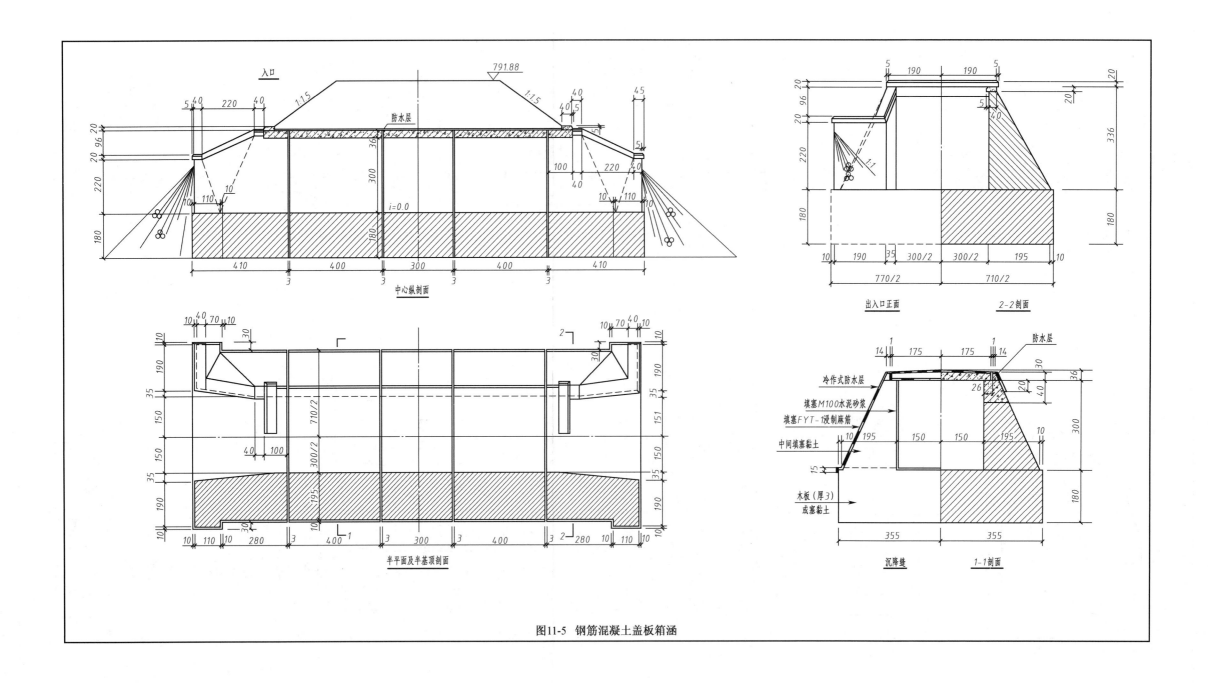

图11-5 钢筋混凝土盖板箱涵

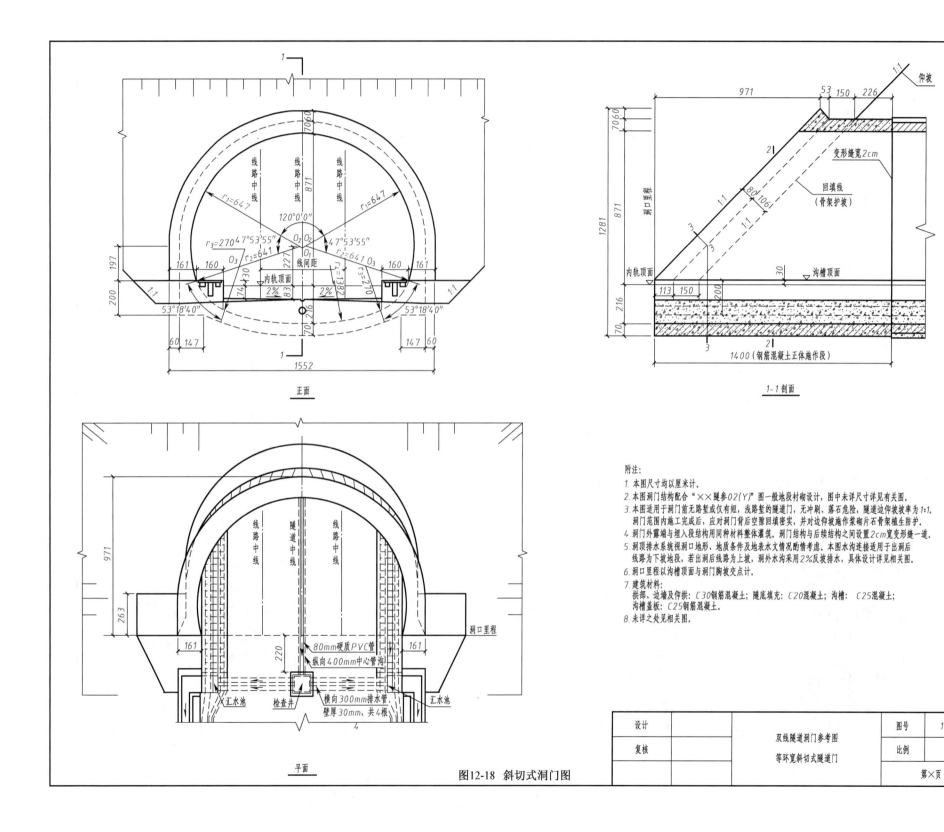

正面

1—1剖面

平面

图12-18 斜切式洞门图

附注：
1. 本图尺寸均以厘米计。
2. 本图洞门结构配合"××隧参02(Y)"图一般地段衬砌设计，图中未详尺寸详见有关图。
3. 本图适用于洞门前无路堑或仅有短、浅路堑的隧道门，无冲刷、落石危险，隧道边仰坡坡率为1:1。洞门范围内施工完成后，应对洞门背后空隙回填密实，并对边仰坡施作浆砌片石骨架植生防护。
4. 洞门外露端与埋入段结构用同种材料整体灌筑，洞门结构与后续结构之间设置2cm宽变形缝一道。
5. 洞顶排水系统视洞口地形、地质条件及地表水文情况酌情考虑。本图水沟连接适用于出洞后线路为下坡地段，若出洞后线路为上坡，洞外水沟采用2%反坡排水，具体设计详见相关图。
6. 洞口里程以沟槽顶面与洞门胸坡交点计。
7. 建筑材料：
拱部、边墙及仰拱：C30钢筋混凝土；隧底填充：C20混凝土；沟槽：C25混凝土；沟槽盖板：C25钢筋混凝土。
8. 未详之处见相关图。

设计		双线隧道洞门参考图	图号	14.16
复核		等环宽斜切式隧道门	比例	
			第×页	

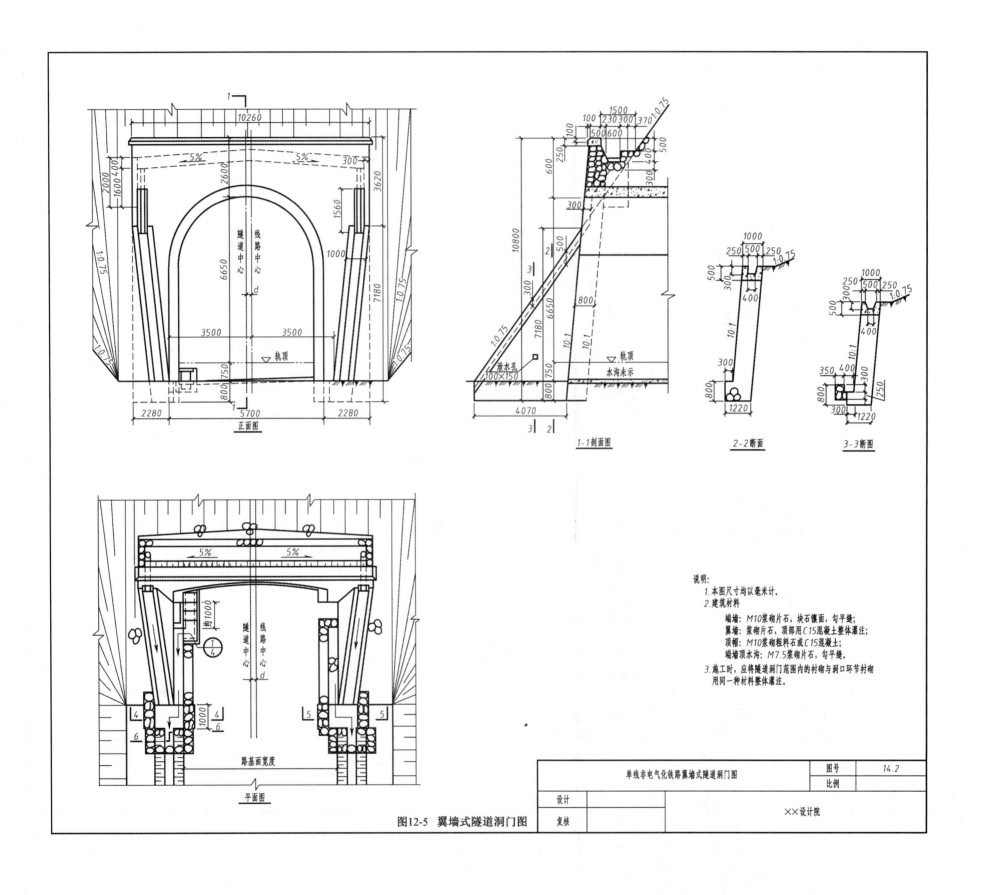

正面图

1-1剖面图

2-2断面

3-3断面

平面图

说明:
1. 本图尺寸均以毫米计。
2. 建筑材料
   端墙: M10浆砌片石, 块石镶面, 勾平缝;
   翼墙: 浆砌片石, 顶部用C15混凝土整体灌注;
   顶帽: M10浆砌粗料石或C15混凝土;
   端墙顶水沟: M7.5浆砌片石, 勾平缝。
3. 施工时, 应将隧道洞门范围内的衬砌与洞口环节衬砌
   用同一种材料整体灌注。

图12-5 翼墙式隧道洞门图

单线非电气化铁路翼墙式隧道洞门图	图号	14.2
	比例	
设计		××设计院
复核		

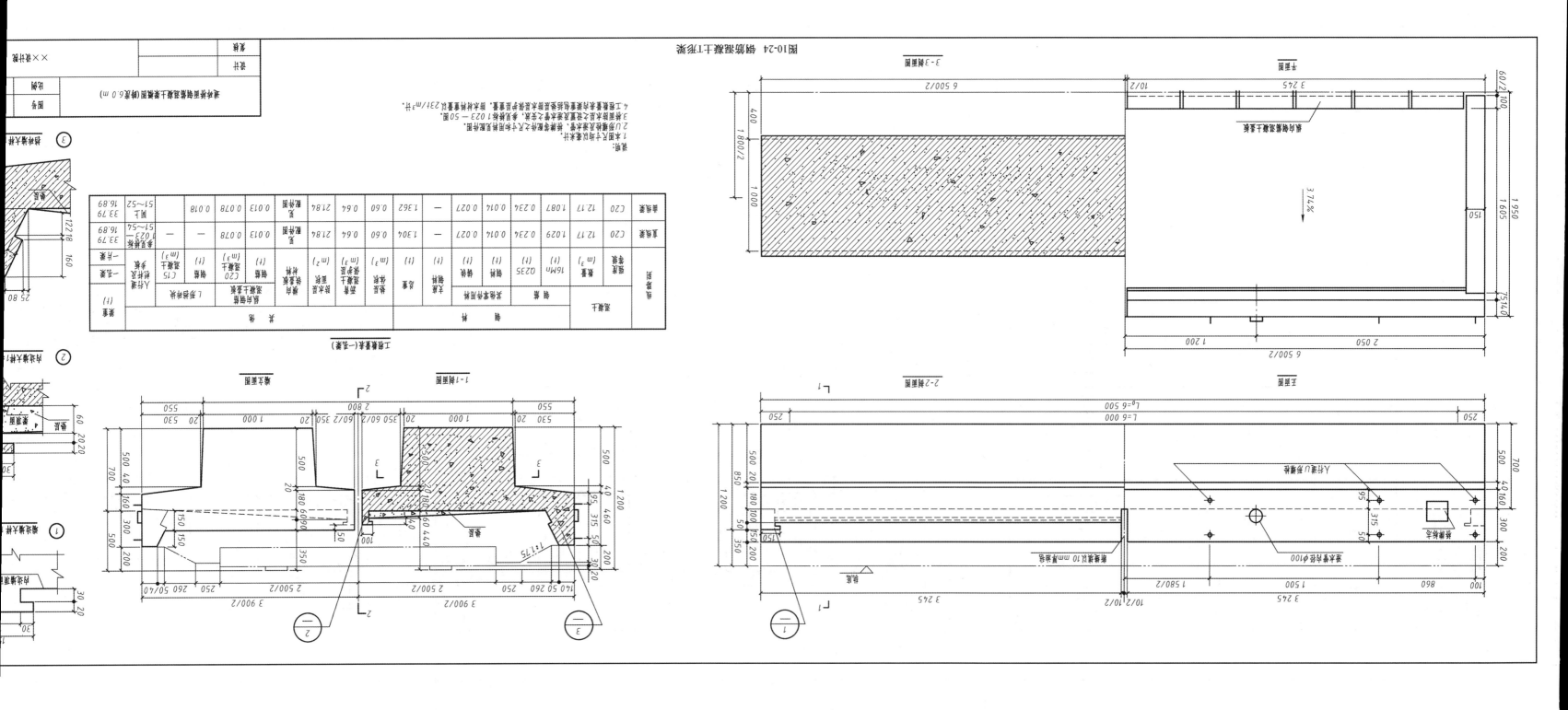

图10-24 钢筋混凝土U形渡槽

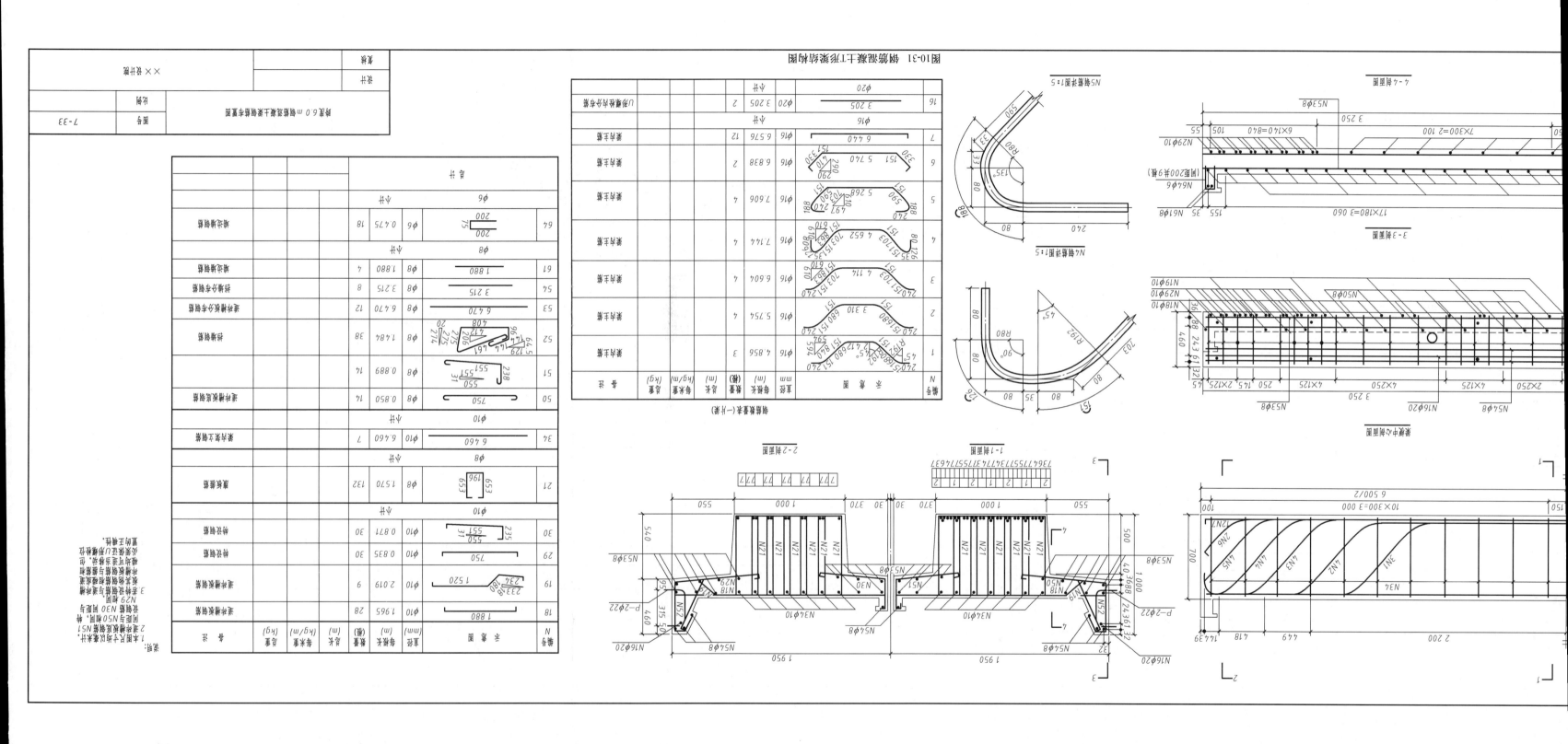

图 10-31　钢筋混凝土工作桥结构图